理工系学生のための
基礎化学

量子化学 編

[著者]

大島 康裕

化学同人

はじめに

　「理工系学生のための基礎化学」は大学初年次の理工系学生が化学の基礎を学ぶために企画されたシリーズの教科書であり，無機化学，有機化学，量子化学，化学熱力学の各編からなる．原子と分子の性質に基づいた化学物質の構造，反応，性質などに関する基礎的な学修を通して，化学で用いられる理論や考え方を修得することを目的としている．

　われわれのまわりには食糧，燃料，医薬品，高分子，電池材料など多種多様な化学物質が存在し，われわれはその恩恵を受けて生活している．一方で，持続可能な社会を構築していくために，化学物質の循環や有害物質の軽減は喫緊の課題となっている．化学は「the Central Science」とも呼ばれ，科学のさまざまな分野と密接な関係があり，相互に連携しながら発展してきた．したがって，より有用な化学物質を発見したり，化学物質に関する諸課題を解決したりするために，化学の役割は非常に重要である．理工系および関連の幅広い分野を専攻する学生が，化学の基礎を修得し，化学物質に関わるあらゆる問題に取り組むことは，社会における重要な使命の一つである．

　科学技術の発展にともない，化学者は数多くの化学物質を作り出してきた．論文や特許に報告されている化合物は2億を超え，これらの性質を個別に把握するのはもはや不可能である．幸いにも，化学物質の結合を正しく理解し，構造や性質を決める理論や法則を学んでいくと，体系化された化学の全体像が見えてくるはずである．その段階に到達するためには，単に個別の事項を「覚える」のではなく，基礎に基づいてなぜそうなるのかを「考える」習慣を身につける必要がある．また，物質の理解を深めるためには，新しい概念を導入する必要がある．その一つが量子化学に基づく電子状態や結合の理解であり，これに慣れてくれば化学物質の見方が変わるはずである．このように，本書が高校から大学への化学の橋渡しになることを期待している．

　本書「量子化学編」は，物理学の基礎法則に基づいて化学現象を理解することを目指す物理化学分野のうち量子化学の基礎をまとめたもので，7章から構成されている．前半3章は，量子化学の基本を理解するための章である．第1章では量子化学の基礎となる量子力学がどのような経緯で誕生したのかについて紹介し，第2章では量子力学の根幹を成すシュレディンガー方程式と波動関数について説明する．続いて第3章では「箱の閉じ込められた粒子」という最もシンプルな問題を取り扱うことによって量子力学に「馴染んで」もらおう．後半の4

iv

章では，化学におけるキープレーヤーである原子や分子について議論する．ここでは，物性や結合性を理解するうえで最も重要な原子および分子内での電子の運動に着目する．第 4 章では 1 個の電子のみを有する水素原子，第 5 章では一般の多電子原子について，量子力学的状態 (つまり波動関数とエネルギー) を学ぶ．第 6 章では最もシンプルな分子としての H_2^+ イオン，第 7 章ではより一般的な系である H_2 などの 2 原子分子を取り扱い，分子軌道の概念と結合性との対応を理解しよう．これらの学修を通じて，「元素の周期律の起源」や「化学結合の本質」のような化学における最重要事項が，基本的物理法則によって合理的に説明されることを実感できるであろう．なお，本書では各章には章末問題があり，学修内容の理解度を確認できるようにしている．

　本シリーズの刊行にあたり，多くの先生方に原稿執筆や査読で貴重な時間をおとりいただいたこと，ご協力やご助言をいただいたことに感謝する．また，化学同人編集部の佐久間純子氏に大変お世話になった．ここに深く感謝の意を表したい．

2024 年 10 月

著者一同

目　次

vi

第1章 量子力学誕生前夜 —前期量子論

● *Introduction*

本章では，第1節において量子化学とは何かを概説する．量子化学の基礎となるのが量子力学である．第2節から第5節にかけては，古典物理学では解釈不可能な事象（黒体放射，光電効果，原子の発光スペクトル）を合理的に説明しようとする取り組みから，量子力学の誕生へとつながる重要な概念が成立してきた経緯を紹介する．

アントワーヌ・ラボアジェ
1743年〜1794年

1-1 量子化学とは

中学や高校での授業でおなじみの「すべての物質は原子や分子と呼ばれるミクロな粒子から構成されている」という事実は，ラボアジェ（A. L. Lavoisier），ドルトン（J. Dolton），アボガドロ（A. Avogadro）らによる18世紀からの実証的な研究の積み重ねを通じて明らかになってきた．また，このような化学的な研究と並行して，物体の運動や光に関する基本法則を探る物理学の研究も進められ，19世紀末には力学や電磁気学，さらに熱力学・統計力学に関する古典的な枠組みが確立した．

物理学の基本法則に基づいて化学現象を理解しようとする学問分野は**物理化学**と呼ばれる．物理化学において，「原子が寄り集まって分子を形成する仕組み」，つまり**化学結合**の本質を理解することは最も重要であろう．また，多種多様な元素が示す見事な規則性である**周期律**の起源も，解明すべき重要な問題である．19世紀までの古典物理学ではこれらの重要課題に適切な説明を与えることはできず，ミクロな粒子に関する新しい物理学である**量子力学**の確立が必要であった．1920年代に誕生してからただちに，量子力学は物理化学の分野にも適用され，多くの成果を上げてきている．このように，量子力学を用いて化学の諸問題を解明する分野を**量子化学**と呼ぶ．

本書では量子化学の基本事項を概説するが，ここでは特に，「元素の周期律の起源」や「化学結合の本質」のような化学における最重要事項を，量子化学の観点から理解することを目的とする．

ジョン・ドルトン
1766年〜1844年

Check POINT

現在では，高性能のコンピューターを用いた量子化学計算によって，分子中の化学結合長を0.1 pm（ピコメートル）の精度で予測することも可能となっている．

アメデオ・アヴォガドロ
1776 年〜1856 年

アイザック・ニュートン
1643 年〜1727 年

**クリスティアーン・
ホイヘンス**
1629 年〜1695 年

トマス・ヤング
1773 年〜1829 年

　この第 1 章では，量子力学誕生の経緯を簡潔に振り返る．時は 19 世紀末にさかのぼる．古典力学ではミクロな粒子の振る舞いが捉えられないことを示す予兆は，まず「光」の振る舞いから明らかになった．

1-2　黒体から放出される光

　ものには色がある．例えば，植物の葉が緑に見えるのは，白色光で照らされたときに緑以外の可視光が吸収されて，緑の光のみが戻ってくるためである．ここで，あらゆる波長の光を完全に吸収する物体を考えると，その物体は真っ黒に見えるであろう．このような仮想的物体を**黒体**と呼ぶ．黒体は，光を吸収・放出することによって外部とエネルギーのやり取りをして，熱的平衡状態に達する．つまり，物体の温度に応じ，黒体は光を放出する．この光を**黒体放射**と呼ぶ．電熱ヒーターや溶鉱炉中の鉄，さらに地球や太陽も，近似的に黒体として振る舞う．

　光の強度を振動数もしくは波長の関数としてプロットしたものを**スペクトル**と呼ぶ．黒体と見なせる物体から放出される光のスペクトルは，物体の温度のみに依存し，その物質の種類によらない．つまり，スペクトルの測定から温度を決定することができる．産業革命後の鉄鋼業の興隆とともに，溶鉱炉の温度管理，つまり，光のスペクトルから炉内の温度を見積もることが求められ，19 世紀末にかけて黒体放射が盛んに研究された．実測結果の模式図を図 1.1 に示す．このような実測結果を理論的に再現することが，当時の物理学の課題の 1 つであった．

　光の実態については，17 世紀におけるニュートン（I. Newton）による粒子説とホイヘンス（C. Huygens）による波動説の対立以来，活発に議論されてきたが，ヤング（T. Young）による二重スリットの実験により波動であることが実験的に示され，19 世紀末にマックスウェル（J. C. Maxwell）やヘルツ（H. R. Hertz）が確立した電磁気学により，その本質が振動する電磁場であることが明らかとなっていた．そこで，レイリー（Lord Rayleigh；J. W. Strutt）とジーンズ（J. H. Jeans）により古典電磁気学と統計力学に基づいて黒体放射スペクトルの再現が試みられ，また，ウィーン（W. Wien）は別の公式を提案した．図 1.1 に示すように，**レイリー・ジーンズの公式**では，低い振動数領域においては実測結果とよく一致するが，高い振動数領域では光強度が発散してしまい，実測とはまったく合わなくなる．一方，**ウィーンの公式**では，高振動数領域では実測とよく一致するが，低い振動数領域は実測結果と合わない．すべての振動数で実測結果と一致する新しい理論が待たれていた．

　黒体放射に対する「正しい」理論を構築したのがプランク（M. Planck）である．プランクは，エネルギーはいくらでも分割できる連続

量ではなく，それ以上は分けられない要素からなるという画期的な着想に基づいて，実測結果を再現する公式を得た．つまり，黒体をさまざまな振動数 ν を持つ振動体の集合と見なし，その振動体が振動数 ν の光を吸収・放出すると考えた．ここで，ν はゼロから無限大のあらゆる値を取りうる．振動体のエネルギーの，これ以上分割不可能な（つまり最小）要素が

$$(\text{ある定数 } h) \times \nu \tag{1.1}$$

であるとすると，その振動体のエネルギーは，

$$E_\nu = nh\nu \quad (n=0, 1, 2, ...) \tag{1.2}$$

のように飛び飛び，つまり離散的な値しかとれない．ここで，定数 h は**プランク定数**と呼ばれる．このような考えのもと，温度 T の黒体から放出される振動数 ν の光の強度 $U(\nu)$ を表す，次の**プランクの公式**を導出した．

$$U(\nu) = \frac{8\pi h}{c^3} \frac{\nu^3}{e^{\frac{h\nu}{kT}} - 1} \tag{1.3}$$

ここで，c は真空中の光の速度，k はボルツマン定数と呼ばれ，気体定数をアボガドロ定数で割ったものである．h, c, k の具体的な値は，本書の表紙裏の表に記載してある．図1.1には，プランクの公式を用いた結果も記入してある．振動数の全領域に対して実測結果とよく一致している．プランクの公式は，さまざまな温度においても実測結果をよく再現することが確認されている．

1-3 光電効果

エネルギーが離散的となるという古典物理学の常識を超えたプランクの考えは，黒体放射とはまったく異なる観測事実からも裏付けされることになった．

ヘルツは，金属表面に光を照射すると電子が放出されることを見いだした．この現象は**光電効果**と呼ばれ，放出される電子は**光電子**と呼ばれる．金属を真空中に設置し，光の振動数 ν と強度を変えながら光電子の運動エネルギー E_k を測定してみると（図1.2），以下のような結果が得られる．

(1) 光の振動数 ν が，ある値 ν_0 よりも大きくないと光電子は放出されない．
(2) $\nu > \nu_0$ の範囲では，E_k は ν の一次の関数である（図1.3）．
(3) 光の強度を増加させても E_k は変化しない．ただし，単位時間あたりに放出される光電子の数は増加する．
(4) 金属の種類によって，ν_0 の値は異なる．

ジェームズ・クラーク・マクスウェル
1831年〜1879年

ハインリヒ・ルドルフ・ヘルツ
1857年〜1894年

Check POINT

レイリー・ジーンズの公式，ならびに，ウィーンの公式は以下の通りである．
$$U_{RJ}(\nu) = \frac{8\pi kT}{c^3} \nu^2$$
$$U_W(\nu) = \frac{8\pi h}{c^3} e^{-\frac{h\nu}{kT}} \nu^3$$

Check POINT

光電子の運動エネルギーを解析すると，対象物質の電子構造（第5・6・7章参照）を詳細に知ることができる．このような実験手法は**光電子分光法**と呼ばれ，物質科学における普遍的な分析法となっている．

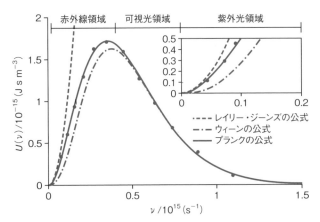

図1.1　黒体から放出される光のスペクトル
温度 6000 K に対応したもの．破線：レイリー・ジーンズの公式，
一点鎖線：ウィーンの公式，実線：プランクの公式．挿入図は，低
振動数領域の拡大図．実験結果を●で模式的に示す．

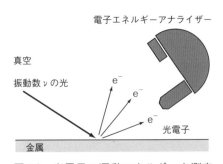

図1.2　光電子の運動エネルギーを測定
する実験の模式図
このような実験を，光電子分光実験と呼ぶ．

　実験結果（1）は，金属中の電子が表面から飛び出すには，ある値以上のエネルギーを外部から加える必要があることを示している．このエネルギーを**仕事関数**と呼ぶ．金属中の電子は，光の照射によってエネルギーをもらい，そのエネルギーが仕事関数より大きければ，電子は表面から飛び出す．エネルギーの保存を考慮すると，飛び出した光電子の運動エネルギーは

$$E_k = (光のエネルギー) - (仕事関数) \tag{1.4}$$

となるはずである．

　問題となるのは実験結果（3）である．古典電磁気学によれば，光は電磁波であり，光の強度（つまり波としての振幅）が大きくなるほどそのエネルギーは大きくなる．したがって，式（1.4）により，光電子の運動エネルギー E_k も，光強度の増加とともに大きくなるはずである．実際の観測結果はこの予想にまったく反している．

　この矛盾を解決したのがアインシュタイン（A. Einstein）である．アインシュタインは，プランクの考えを発展させ，「振動数 ν の光は，エネルギー $h\nu$ を持つ粒子の集まりと見なせる」と考えた．この考え方に基づくと，光の強度とは，光線に垂直な平面を単位時間あたりに通過する粒子の数となる．この考えでは，式（1.4）中の光のエネルギーは光の粒子1個あたりのエネルギー $h\nu$ となる．よって，光強度を大きくしても式（1.4）における光電子の運動エネルギー E_k は不変である．一方，光の粒子1個が金属に吸収されると，そのエネルギーを使って電子1個が放出されるので，光強度の増加とともに放出される光電子の数は増える．このように

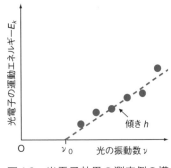

図1.3　光電子効果の測定例の模式図
光電子の運動エネルギー E_k を光の振動数 ν に対してプロットしたもの．

光を「エネルギーのつぶ」と考えると，古典電磁気学では説明不可能であった実験結果（3）を矛盾なく説明することができる．エネルギー $h\nu$ を持つ光の粒子のことを，現在では**光子**と呼ぶ．また，ある物理量が離散的な値しか取りえないとき，その物理量の最小単位を，一般に**量子**と呼ぶ．つまり，プランクやアインシュタインは，エネルギーの量子という新しい概念を物理学に導入したことになる．

なお，実験結果（2）から，光電子の運動エネルギー E_k を ν に対してプロットすると直線となるが，式（1.4）において光のエネルギーが $h\nu$ であることから明らかなように，その直線の傾きは金属の種類によらずプランク定数 h となる（図1.3参照）．このことは実験でも確かめられており，黒体放射と光電効果というまったく異なる物理現象が統一的に説明されることを示している．この事実は，プランクとアインシュタインの考え方の妥当性を強く支持している．

プランクやアインシュタインによって光が**粒子性**を持つことが明らかにされたが，一方で，ヤングの実験などで明らかなように，光は干渉や回折のような波に特有の性質も依然として有している．このように，光が粒子と波の2つの特性を兼ね備えていることを**光の二重性**と呼ぶ．状況によって，波としての特性が強く現れる場合と，粒子としての特性が顕在化する場合があるが，本質的に二重性を有していることが重要である．

マックス・プランク
1858 年〜1947 年

**アルベルト・
アインシュタイン**
1879 年〜1955 年

1-4　水素原子の発光

前節までは，古典物理学の破綻が現れた現象として，光そのものの性質（粒子性）を取り上げた．本節以降では，原子の振る舞いに着目しよう．具体的には，原子からの発光である．

19 世紀初頭にフラウンホーファー（J. Fraunhofer）は太陽光のスペクトル中に多数の暗線を見いだしたが，以降の研究により，それらの線は大多数が原子に由来することが明らかとなった．原子の発光（もしくは吸収）スペクトルは元素の種類によって異なるために，元素の同定や定量に用いることができるので活発に研究された．

原子のスペクトルのうちでも徹底的に研究が行われたのは，最も原子番号が小さい水素原子についてである．例として，可視光領域のスペクトルを図1.4に示す．ある決まった波長の光が飛び飛びに放出されていることが見て取れる．一見してスペクトル線の位置に規則性がありそうであるが，多数の研究者の試行錯誤の後に，最終的にリュードベリ（J. Rydberg）が次のような簡潔な表式に到達した．

$$\tilde{\nu} \equiv \frac{1}{\lambda} = R_\infty \left(\frac{1}{n^2} - \frac{1}{m^2} \right) \tag{1.5}$$

**ヨゼフ・フォン・
フラウンホーファー**
1787 年〜1826 年

Check POINT

原子によって吸収または放出される光の波長・強度を測定することにより元素の定性・定量分析を行う手法は**原子分光分析法**と呼ばれ，現在では ppm オーダーの検出感度が実現されている．化学のみならず，環境・食品・医学など，さまざまな分野で活用されている．

Check POINT

水素原子の発光は宇宙空間でも観測される．バラ星雲やオリオン大星雲などが赤色に輝いて見えるのは，水素原子の656 nmの強い発光線に由来する．このような発光線を望遠鏡で観測することにより，その天体の温度や天体までの距離などを決定することができる．このように原子や分子の吸収・発光スペクトルは，天文学でも活用されている．

バラ星雲

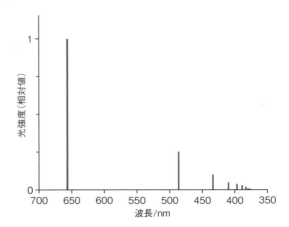

図1.4　水素原子の発光スペクトル
この可視域に観測される一連の発光は，バルマー系列と呼ばれる．より短波長領域にも，より長波長領域にも，同じようなパターンのスペクトルが観測され，別の系列名で呼ばれる．

ここで，$\tilde{\nu}$は波長の逆数であり**波数**と呼ばれる．nとmは，$n<m$であるような自然数である．R_∞は実験的に決定される定数で，現在では**リュードベリ定数**と呼ばれ，その値は本書の表紙裏の表に記載してある．

原子が発光する際，原子からはエネルギーが光として放出される．その光のエネルギーは，原子の失うエネルギー，つまり，光を放出する前後での原子のエネルギーの差ΔEと等しい．原子の発光波長が飛び飛びであることは，**原子のエネルギーが離散的**であることを意味する．離散的なエネルギーを持つ運動状態，もしくはそのエネルギーそのものを，**エネルギー準位**と呼ぶことが多い．原子からは光子1個が放出されると考えてよいので，プランクの導いた式（1.1）から，放出される光の振動数をνとすると

$$\Delta E = h\nu \tag{1.6}$$

となる．なお，光の振動数νと波長λには，

$$\nu = \frac{c}{\lambda} \tag{1.7}$$

の関係がある．

式（1.6），（1.7）を水素原子における関係式（1.5）に代入すると，

$$\Delta E = hcR_\infty\left(\frac{1}{n^2}-\frac{1}{m^2}\right) \tag{1.8}$$

が成立することがわかる．この結果は，水素原子のエネルギーが

$$E_n = hcR_\infty\frac{1}{n^2} \quad\text{もしくは}\quad E_n = -hcR_\infty\frac{1}{n^2} \quad (n=1,2,3,\cdots) \tag{1.9}$$

と表されることを示唆する．式（1.9）の左側の場合，

$$\Delta E = E_n - E_m \tag{1.10}$$

であり，m が低いエネルギーの状態，n が高い状態である．式（1.9）の右側の場合は，n が低いエネルギーの状態，m が高い状態であり，

$$\Delta E = E_m - E_n \tag{1.11}$$

である．

1-5 ボーアの理論

原子のエネルギーは離散的であり，水素原子のエネルギーは式（1.9）のように表されるという観測結果は，古典物理学ではまったく説明できない．量子の概念を持ち込むことによって，この問題を解決したのがボーア（N. Bohr）であった．

20 世紀初頭，水素原子は，原子核（陽子）と電子から構成されていることは明らかとなっていた．ボーアは，正電荷を持つ陽子と負電荷を持つ電子が，互いにクーロン力によって引き合いながら回転していると考えた．陽子の質量は電子の約 1840 倍であるので，実質，陽子はほとんど動かず，その周りを電子が円運動していると見なしてよい．太陽の周りを回る地球の公転運動と類似であるが，実は，古典電磁気学によるとこのような運動は安定ではない．円運動のように加速度運動をする荷電粒子は電磁波を放出してエネルギーを失うので，電子が回転すると陽子との距離は次第に小さくなって，最終的には電子は陽子に衝突してしまうはずだからである．

そこでボーアは，電子の運動は古典力学には従わず，

(1.a) 電子の**角運動量**の大きさ L が以下の条件を満たしている限り，電子は電磁波を放出せず，定常的に回転運動し続けることができる，

と仮定した．ここで，条件とは

$$L = \frac{h}{2\pi} n \qquad (n = 1, 2, 3, \cdots) \tag{1.12}$$

である．つまり，ボーアは角運動量が飛び飛びの値しか取りえないという制限（**角運動量の量子化**）を導入した．プランクやアインシュタインが行ったエネルギーの量子化を拡張した考えといえる．ここで，n のように離散的な状態を特徴づける数（今の場合は自然数）を**量子数**と呼ぶ．なお，角運動量は，位置ベクトルと運動量ベクトルの外積（ベクトル積）で表される物理量であり，質量 m の粒子が円運動している場合は，円運動の半径

ニールス・ボーア
1885 年〜1962 年

図1.5 水素原子のエネルギーダ
イアグラム
エネルギーの単位を $(m_e e^4)/(4\varepsilon_0^2 h^2)$
として各エネルギー準位をプロット
してある〔第5章の式 (5.11) を参
照〕.図1.4に示す発光は,$n \geq 3$ の
準位から $n=2$ の準位へ遷移する際
に放出されるものである.

Check POINT

　ボーアの理論により求まった
エネルギー (1.14) は,水素原
子中の電子の運動に関する全エ
ネルギーである.ただし,原子
全体の併進運動は光の放出には
関与しないこと,陽子と電子の
相対運動を考慮した場合に陽子
は静止していると見なせること
から,「水素原子中の電子のエネ
ルギー」を,単に「水素原子の
エネルギー」と呼ぶことができる.

を r,粒子の速度を v として,角運動量の大きさは

$$L = mrv \tag{1.13}$$

となる.

　ボーアはさらに,原子の発光を説明するために,

(1.b) 陽子の周りを回転する電子は,高いエネルギーを持った運動状態か
　　　ら,低いエネルギーを持った運動状態へ,ある確率で遷移し,その
　　　時のエネルギー差に相当するエネルギーを持つ光子を1つ放出する,

ことも仮定した.この仮定によると,

(1.c) 最もエネルギーの低い運動状態は,光を放出することはなく常に安
　　　定である,

ことが導かれる.(1.a) の仮定のもとに,クーロン力で引きつけられなが
ら円運動する電子のエネルギーを計算すると(章末問題 [1.3] 参照),

$$E_n = -\frac{m_e e^4}{8\varepsilon_0^2 h^2}\frac{1}{n^2} \qquad (n=1,2,3,\cdots) \tag{1.14}$$

という結果が得られる.ここで,m_e は電子の質量,e は電気素量,ε_0 は真
空の誘電率であり,具体的な値は本書の表紙裏の表に記載してある.

　式 (1.14) のエネルギーは,式 (1.9) の右側とまったく同様に $-1/n^2$
に比例している.さらに,$-1/n^2$ の係数を比較すると R_∞ を $m_e, e, \varepsilon_0, c, h$
で表すことができるが,これらの物理定数から計算された値は実測の R_∞
と極めてよく一致している.これらの結果は,ボーアの仮定 (1.a) ～ (1.c)
によって,水素原子中の電子の運動状態が適切に表されることを示してい
る.

　式 (1.14) に対応して,各運動状態のエネルギーをプロットした図(**エ
ネルギーダイアグラム**と呼ぶ)を図1.5 として示す.ここでは,電子が陽
子から無限遠に離れ,かつ静止しているときのエネルギーをゼロとしてい
る.そのため,水素原子として安定に存在する状態はすべて,そのエネル
ギーは負となる.$n=1$ の状態が最もエネルギーが低く,(1.c) で述べた
ように(他の原子や分子との衝突がない限り)永遠に安定である.n が大
きくなるにつれてエネルギーも増加し,$n \to \infty$ で $E_n \to 0$ に収束する(章末
問題 [1.4] 参照).

　第1章では,古典物理学ではまったく解釈が不可能であった数々の観
測結果(黒体放射,光電効果,原子の発光)を説明するために,プランク,
アインシュタイン,ボーアによって,**エネルギー・角運動量の量子化や波
と粒子の二重性**という新しい概念が導入されてきた経緯を紹介した.これ

らの研究をもとに，その他の研究者による貢献も相まって，1925年から1926年にかけてのハイゼンベルグ（W. Heisenberg）およびシュレディンガー（E. Schrödinger）による量子力学の誕生につながった．量子力学誕生以前の量子力学の萌芽となった理論を**前期量子論**と呼ぶ．新しい概念を生み出すとはどのようなことかを追体験できるという点で，前期量子論を学ぶ意義は大きいといえよう．

章末問題

［1.1］　さまざまな温度 T について，プランクの公式（1.3）を用いて光の強度 $U(\nu)$ をプロットしてみよ．T に対してどのような変化を示すか．

［1.2］　炎天下で日光浴をすると日焼けするのに，赤外線ヒーターに長時間あたっても（やけどするかもしれないが）日焼けはしない．その理由を，光子のエネルギーが $h\nu = hc/\lambda$ であることと関連付けて説明せよ．

［1.3］　電子が陽子を中心として半径 r で円運動しているとして，水素原子のエネルギー（1.14）を，以下の手順に従って導出せよ．ただし，電子と陽子の間に働くクーロン力は，以下の通りである．

$$F(r) = \frac{e^2}{4\pi\varepsilon_0 r^2}$$

1）　速度 v，円の半径 r を用いて，加速度 α を示せ．
2）　ニュートンの運動方程式より，r を用いて運動エネルギー E_K を示せ．
3）　以下の，クーロン力による位置エネルギーを求めよ．

$$V(r) = \int_{\infty}^{r} F(r)\, \mathrm{d}r$$

4）　全エネルギー $E = E_K + V$ を，r の関数として示せ．
5）　ボーアの量子化条件（1.12）より，r と n など用いて v を示せ
6）　5）の結果を，2）のニュートンの運動方程式に代入することにより，n などを用いて r を示せ．
7）　6）の結果を 4）に代入し，n などを用いて全エネルギー E を示せ．

［1.4］　水素原子のエネルギー（1.14）において，n が無限大の場合はどのような状態を意味するか．説明せよ．

第2章

量子力学の基本

● *Introduction*

本章では，まず，光の二重性と対称関係にある粒子の波動性について議論し，波としての粒子の運動を記述するシュレディンガー方程式を導入する．そのうえで，量子力学においては運動量やエネルギーなどの物理量は演算子と対応付けられること，さらに，シュレディンガー方程式を解くことは演算子の固有値問題を解くことに帰着し，固有関数である波動関数と固有値であるエネルギーが得られることを学ぶ．最後に，波動関数が何を表しているのかについて，実験例を紹介しながら考察する．

ヴェルナー・
ハイゼンベルク
1901 年〜1976 年

エルヴィン・
シュレディンガー
1887 年〜1961 年

2-1 物質の波動性

前章の 1-3 節で，古典的には波である光（電磁波）が粒子性も持つことを学んだ．粒子の運動を考える場合，エネルギーとともに運動量も重要な物理量である．粒子としての光のエネルギーが式（1.1）のように $h\nu$ だとすると，その運動量は以下の値となることが示される．

$$p = \frac{h}{\lambda} \tag{2.1}$$

ここで，p が光子 1 個あたりの運動量，λ は光の波長である．この関係が成り立つことは，電子と（光子としての）X 線との「衝突」（**コンプトン散乱**）に関する実験で確認された．

光の二重性が明らかになったことを受けて，ド・ブロイ（L. V. de Broglie）は奇抜な仮説を提唱した．物理学では対称性が極めて重要であることを考慮すると，波動としての光が粒子性を持つならば，逆に粒子も波動として振る舞うのではないか，と考えたのである．そして，そのような「粒子の波」の波長は，式（2.1）に従うだろうと予測した．つまり，質量 m の粒子が速度 v で運動している場合，波長 λ が

$$\lambda = \frac{h}{p} = \frac{h}{mv} \tag{2.2}$$

で与えられる「波」として振る舞うと考えたのである.

　マクロな物体では質量が大きいので対応する波長はとてつもなく小さく，検出することは現実的には不可能である（章末問題［2.1］参照）．つまり，波動性はまったく現れてこない．一方，電子などのミクロな粒子では，波長はピコメートル以上となり，粒子自体のサイズより十分に大きい（章末問題［2.2］参照）．このような場合，干渉や回折などの波の特質を粒子が示すようになる．実際，電子の回折現象が 1927 年に観測され，当初は注目されていなかったド・ブロイの仮説が正しいことが示された．以来，式（2.2）で示される波長は**ド・ブロイ波長**と呼ばれる.

　この物質の波の考え方を，ボーアの量子化条件〔式（1.12），（1.13）〕と組み合わせてみよう.

ド・ブロイ
1892 年〜1987 年

例題 2.1　式（1.12），（1.13）および（2.2）から，水素原子中での電子の波が満たすべき条件を求めよ.

≪解答≫　式（1.12）と（1.13）から，

$$mrv = \frac{h}{2\pi} n \quad (n=1,2,3,\cdots) \quad つまり \quad p = mv = \frac{h}{2\pi r} n$$

である．これを式（2.2）に代入して，

$$\lambda = \frac{h}{p} = h\frac{2\pi r}{hn} = \frac{2\pi r}{n} \quad つまり \quad 2\pi r = n\lambda \quad (2.3)$$

ここで得られた式（2.3）は，電子の円軌道の円周 $2\pi r$ が，電子のド・ブロイ波長 λ の整数倍となることを示している．もし，式（2.3）を満たさない場合，軌道を 1 周した波はもとの波と重なり合わないので打ち消し合い，最終的には安定に存在できない．一方，式（2.3）を満たす場合は，1 周した波はもとの波と重なり合うので安定に存在できる（図 2.1 参照）．つまり，ボーアの量子化条件は，電子の波が円軌道上で定在波となること，と等価である.

2-2　シュレディンガー方程式

　前章の 1-5 節で学んだ水素原子に関するボーアの理論は，前記量子論の輝かしい成果と呼べるだろう．そこで，他の（より複雑な）原子にボーアの理論を適用することが試みられたが，実測結果を再現する定式化には至らず，より一般的な理論体系の必要性が認識されるようになった．物理学の基本法則は，方程式，より正確には微分方程式のかたちで表されることが多い．ニュートン方程式やマックスウェル方程式がその例である．前節では，ミクロな粒子の運動が波動性を示すことを学んだ．そこで，物質の

Check POINT

　電子ビームの回折や干渉を利用して，ナノメートル以下の空間分解能で原子や分子の位置を測定する手法として**電子線回折**や**電子顕微鏡**が開発されている．電磁波である **X 線**を利用した **X 線回折**とともに，分子の幾何学的構造や結晶構造を決定することに活用されている.

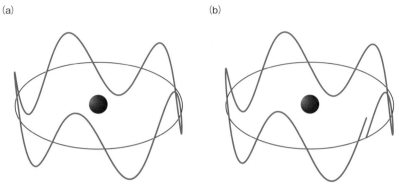

(a)　　　　　　　　　　　　　　　　(b)

図 2.1　水素原子に対するボーア理論のド・ブロイ的解釈

電子の軌道（図中黒線）上を，電子の波（赤線）が振動する．（a）ド・ブロイ波長の整数倍（今の場合は $n=5$）が円周と一致する場合，電子の波は 1 周するともとの波と重なり合う．（b）ド・ブロイ波長の整数倍が円周と一致しない場合，1 周した波ともとの波とは重なり合わず，最終的には打ち消し合う．

波に関する何らかの基本方程式を導き出すことを考えよう．

　簡単のために 1 次元（x 方向）の波動を考える．ここで，位置 x，時刻 t における波の振幅を $A(x, t)$ で表す．古典的な波の満たすべき基本方程式は，以下のような微分方程式（**波動方程式**と呼ばれる）として表される[*1].

$$\frac{\partial^2 A(x, t)}{\partial x^2} = \frac{1}{v^2} \frac{\partial^2 A(x, t)}{\partial t^2} \tag{2.4}$$

ここで，v は波の速度（粒子の速度とは異なることに注意）で，波長を λ，振動数を ν とすると，$v = \nu\lambda$ である．

　古典的定在波は，式（2.4）の一つの解であり，以下の式で示される．

$$A(x, t) = A_0 \cos\left(\frac{2\pi}{\lambda} x\right) \cos(2\pi\nu t) \tag{2.5}$$

ここで，A_0 は定数である．式（2.5）が定在波を示すことは，任意の時刻における波形 $A(x, t)$ が，$t=0$ での波形 $A(x, 0) = A_0 \cos(2\pi x/\lambda)$ に比例する（つまり，節や腹は移動しない）ことから確認できる．

> **演習問題 2.1**　式（2.5）を式（2.4）に代入することにより，式（2.5）が波動方程式の解であることを確認せよ．

　それでは，粒子の定在波も古典の波と類似と仮定しよう．定在波であるので位置の関数としての振る舞いが重要である．そこで，粒子の波を

$$\Psi(x, t) = \psi(x)\cos(2\pi\nu t) \tag{2.6}$$

と表現し[*2]，位置の関数 $\psi(x)$ が満たすべき方程式を導く．まず，古典の波動方程式（2.4）における $A(x, t)$ を $\Psi(x, t)$ で置き換えて，以下の式を得る．

[*1]　ここで，$\frac{\partial^2}{\partial x^2} \equiv \frac{\partial}{\partial x}\frac{\partial}{\partial x}, \frac{\partial^2}{\partial t^2} \equiv \frac{\partial}{\partial t}\frac{\partial}{\partial t}$ は，変数 x と t に関する 2 次の偏微分である．偏微分とは，例えば $\frac{\partial}{\partial x}$ であれば，t は定数と見なして x に関して微分することである．

[*2]　量子力学では，取り扱う関数をギリシャ文字で表記する場合が多い．ここで，Ψ と ψ は大文字と小文字のプサイである．その他に，Φ, ϕ（ファイ）もよく使われる．

$$\frac{\partial^2 \Psi(x, t)}{\partial x^2} = \frac{d^2 \psi(x)}{dx^2} \cos(2\pi\nu t)$$

$$= \frac{1}{\upsilon^2} \frac{\partial^2 \Psi(x, t)}{\partial t^2} = \frac{1}{\upsilon^2} \psi(x) \frac{d^2 \cos(2\pi\nu t)}{dt^2} = -\frac{(2\pi\nu)^2}{\upsilon^2} \psi(x) \cos(2\pi\nu t) \tag{2.7}$$

ここで，常にゼロではない $\cos(2\pi\nu t)$ で両辺を割って，$\upsilon = \nu\lambda$ を代入すると

$$\frac{d^2 \psi(x)}{dx^2} + \frac{4\pi^2}{\lambda^2} \psi(x) = 0 \tag{2.8}$$

となる．

一方，質量 m の粒子を考えると，全エネルギー E は運動エネルギーと位置エネルギー $V(x)$ の和であり，

$$E = \frac{1}{2} m\upsilon^2 + V(x) = \frac{p^2}{2m} + V(x) \tag{2.9}$$

である．ここで，ド・ブロイの式 (2.2) と組み合わせると，

$$\frac{1}{\lambda^2} = \frac{p^2}{h^2} = \frac{2m}{h^2}[E - V(x)] \tag{2.10}$$

であるので，式 (2.8) に代入して整理すると，

$$\frac{d^2 \psi(x)}{dx^2} + \frac{2m}{\hbar^2}[E - V(x)]\psi(x) = 0 \tag{2.11}$$

が得られる．ここで $\hbar = h/2\pi$ であり，エイチバーと読む[*3]．式 (2.11) が，量子力学の基本方程式である**シュレディンガー方程式**に他ならない．この微分方程式の解 $\psi(x)$ が，ポテンシャル $V(x)$ で規定された質量 m の粒子の運動を表す関数であり，**波動関数**と呼ばれる．

シュレディンガー方程式は，ニュートン方程式やマックスウェル方程式と同様に，物理の根本原理を数式として示したものである．自然界のさまざまな事象に対する観測結果を正確に再現できることで，その正当性が保証される．現時点で，シュレディンガー方程式と矛盾するミクロな粒子の運動は発見されていない．なお，本節のこれまでの議論は，シュレディンガー方程式の証明では決してなく，シュレディンガーが式 (2.11) にたどり着くまでの推論の道すじを，若干変更を加えて示したものであることに留意されたい．

[*3] $\hbar = h/2\pi$ は，式 (1.12) が示すように角運動量の最小単位である．また，以下に示す式 (2.23) が示唆するように，運動量の単位でもある．

Check POINT

粒子の波動性に基づくシュレディンガーの理論とは独立に，ハイゼンベルグは行列を用いてミクロな粒子の運動を記述する理論を構築した．この二つの理論は等価であることが証明されており，量子力学の根幹をなしている．

2-3 ハミルトニアンと演算子

シュレディンガー方程式 (2.11) は，以下のようにも書き換えられる．

$$\left[-\frac{\hbar^2}{2m}\frac{d^2}{dx^2} + V(x)\right]\psi(x) = E\psi(x) \tag{2.12}$$

古典力学では，粒子の全エネルギーを x, p, t の関数として表示する場合，

ハミルトニアンと呼ぶ.

$$H(x, p, t) = \frac{p^2}{2m} + V(x, t) \tag{2.13}$$

ここで, ポテンシャルエネルギーが時間依存しないならば, ハミルトニアン（全エネルギー）は定数となり

$$H(x, p) = \frac{p^2}{2m} + V(x) = E \tag{2.14}$$

である. 式 (2.12) と (2.14) を見比べると,

$$H = \frac{p^2}{2m} + V(x) \leftrightarrow -\frac{\hbar^2}{2m}\frac{\mathrm{d}^2}{\mathrm{d}x^2} + V(x) \tag{2.15}$$

と対応付けられそうである. ここで, 式 (2.15) の左側は粒子の物理量そのものであるのに対して, 右側は波動関数$\psi(x)$に作用する**演算子**である.

　演算子とは, 関数に作用して別の関数に変換する操作のことである. 一般的には,

$$\hat{A}f = g \tag{2.16}$$

＊4　ここでは, 一般的な議論をするために関数の変数は省略して表記してある. 変数が1つ, 例えば位置xのみの場合, 関数は$f(x)$, $g(x)$となる. また, $\hat{A}$もxに関する演算子となる.

のように表記できる. ここで, $\hat{A}$が演算子であり, f, gは関数を示す[＊4]. 演算子は, 数や関数と区別するために＾（ハット）を付けて示してある. 量子力学では, 後ほど説明するように演算子が重要な役割を持つが, 登場するのはすべて以下の関係を満たす**線形演算子**である.

$$\hat{A}(f + g) = \hat{A}f + \hat{A}g \tag{2.17}$$

$$\hat{A}(cf) = c(\hat{A}f) \tag{2.18}$$

ここで, f, gは任意の関数, cは任意の定数である. また, 演算子の積も演算子となる. つまり, $\hat{A}$と$\hat{B}$の積$\hat{A}\hat{B}$とは,

$$\hat{B}f = g \qquad (\hat{A}\hat{B})f = \hat{A}(\hat{B}f) = \hat{A}g \tag{2.19}$$

のように関数fを変換する操作である.

　関数に演算子を続けて作用させる場合は, 順番を交代すると一般には結果が異なることに注意が必要である. つまり,

$$(\hat{A}\hat{B})f \neq (\hat{B}\hat{A})f \tag{2.20}$$

$$\hat{A}\hat{B} \neq \hat{B}\hat{A} \tag{2.21}$$

である. ここで, 式 (2.20) は関数の比較であり, 式 (2.21) は演算子の比較となっていることに留意されたい.

　粒子の運動において, 位置・速度・運動量・角運動量・エネルギーなど

の観測可能な物理量を**観測量**と呼ぶ．古典力学では観測量は実数の変数であり，例えば，ニュートン方程式によって位置や速度という観測量そのものの時間変化が記述される．一方，量子力学においては，粒子の波としての性質を司るのは波動関数であり，この関数に何らかの操作を施して観測量を「引き出す」必要がある．式 (2.12) はその典型例になっており，式 (2.15) 中の右側の演算子，つまり，演算子としてのハミルトニアン (2.26) を波動関数に作用させることによって，全エネルギーがわかる仕組みになっている．よって，古典的観測量おのおのに対して以下のように線形演算子が対応する．

位置[*5] $\qquad\qquad x \quad\leftrightarrow\quad \hat{x} = x$ （2.22）

運動量[*6] $\qquad\qquad p \quad\leftrightarrow\quad \hat{p} = -i\hbar\dfrac{\mathrm{d}}{\mathrm{d}x}$ （2.23）

運動エネルギー $\quad E_K = \dfrac{p^2}{2m} \leftrightarrow \hat{E}_K = -\dfrac{\hbar^2}{2m}\dfrac{\mathrm{d}^2}{\mathrm{d}x^2}$ （2.24）

ポテンシャルエネルギー[*5] $\quad V(x) \leftrightarrow \hat{V} = V(x)$ （2.25）

全エネルギー（ハミルトニアン）$E \leftrightarrow \hat{H} = \hat{E}_K + \hat{V}$ （2.26）

ハミルトニアンの演算子 $\hat{H}$ を用いると，シュレディンガー方程式(2.12)は，以下のように簡潔に表現することができる．

$$\hat{H}\psi(x) = E\psi(x) \tag{2.27}$$

$$\hat{H} = \frac{\hat{p}^2}{2m} + V(x) = -\frac{\hbar^2}{2m}\frac{\mathrm{d}^2}{\mathrm{d}x^2} + V(x) \tag{2.28}$$

式 (2.27) の微分方程式を解いて，波動関数 $\psi(x)$ と全エネルギー E を求めることが，ポテンシャル $V(x)$ で規定された質量 m の粒子の運動を完全に理解することである．

なお，今までは1次元 x 方向の運動のみを考えてきたが，3次元空間中の運動の場合は，運動量の各成分に対応する演算子は，

$$\hat{p}_x = -i\hbar\frac{\partial}{\partial x} \qquad \hat{p}_y = -i\hbar\frac{\partial}{\partial y} \qquad \hat{p}_z = -i\hbar\frac{\partial}{\partial z} \tag{2.29}$$

のように偏微分として表現され，運動エネルギーは

$$\hat{E}_K = \frac{1}{2m}(\hat{p}_x^2 + \hat{p}_y^2 + \hat{p}_z^2) = -\frac{\hbar^2}{2m}\left(\frac{\partial^2}{\partial x^2} + \frac{\partial^2}{\partial y^2} + \frac{\partial^2}{\partial z^2}\right) \tag{2.30}$$

となる．

式 (2.27) は，

*5　位置やポテンシャルエネルギーの演算子は，x や $V(x)$ という関数を波動関数にかけるという操作であることに注意．

*6　式 (2.15) の対応関係を満たすためには，運動量の演算子は $\hat{p} = i\hbar\dfrac{\mathrm{d}}{\mathrm{d}x}$ としても不都合はなさそうであるが，観測量の符号（つまり運動量の向き）が適切となるようにマイナス符号が付いている．

$$\hat{A}f = af \qquad (2.31)$$

が成立する場合（ここで a は定数），つまり，ある関数 f に演算子 $\hat{A}$ を作用させたら，関数自身の定数倍になるという状況の一例になっている．このとき，f を $\hat{A}$ の**固有関数**と呼び，a を**固有値**と呼ぶ．与えられた演算子 $\hat{A}$ に対して固有関数・固有値を求めることを**固有値問題**と呼ぶ．

　固有値問題では，演算子と境界条件によっては，微分方程式の解である $\{f, a\}$ の組が有限個の場合，無限個の場合がある．解が存在しないこともある．シュレディンガー方程式を解くとは，問題としている粒子の運動が満たすべき境界条件のもとで，式 (2.27) の固有値問題を解くことにほかならない．そこで，演算子としてのハミルトニアンの固有値である全エネルギーを，**エネルギー固有値**あるいは**固有エネルギー**と呼ぶことも多い．

マックス・ボルン
1882 年～1970 年

*7　古典的波動の振幅は観測量であるので実数である．一方，波動関数自体は観測量ではないので，必ずしも実数である必要はない．シュレディンガー方程式 (2.12) を満たすことのみが要請されており，複素数の関数であることも許される．実際，実数の関数 $f(x), g(x)$ がともに式 (2.12) を満たすならば，複素関数 $\psi(x) = f(x) + ig(x)$ も式 (2.12) を満たす．

*8　実数の関数 $f(x), g(x)$ を用いて複素数の波動関数が $\psi(x) = f(x) + ig(x)$ と示されるとき，$\psi(x)$ の絶対値の 2 乗は $|\psi(x)|^2 = \psi^*(x)\psi(x) = \psi(x)\psi^*(x) = [f(x)]^2 + [g(x)]^2$ である．ここで，$\psi^*(x)$ は $\psi(x)$ の複素共役で，$\psi^*(x) = f(x) - ig(x)$ である．

*9　サイコロを振って i の目が出る確率 P_i のように変数が離散的な場合の確率とは異なり，$\psi(x)$ は連続変数 x の関数であることから，有限の範囲 $x \sim x + dx$ に対する確率 $P(x)$ を考える必要がある．その場合，位置 x での値 $|\psi(x)|^2$ を単位長さあたりの確率（**確率密度**）の代表値とし，確率密度に微小範囲 dx をかけた $|\psi(x)|^2 dx$ が確率となる．

2-4　波動関数の解釈

　今まで，粒子の波動性を示す関数として波動関数を議論してきたが，そもそも波動関数とは何であるのかは，実はまったく明確でないままであった．古典的振動では，振幅の 2 乗が波の「強さ」（単位体積当たりのエネルギー）を表す．波動関数 $\psi(x)$ は一般には複素数であることを考慮すると[*7]，波動関数の絶対値の 2 乗 $|\psi(x)|^2$ が[*8]，位置 x における粒子の波の強度を意味すると考えてよいだろう．

　それでは，粒子の波の「強度」とは何だろうか．現在では，「粒子が見つかる確率である」というボルン（M. Born）の解釈が受け入れられている．つまり，粒子の位置を観測する際に，位置座標が $x \sim x + dx$（dx は十分小さい値）の範囲にある粒子を見いだす確率が，

$$P(x) \equiv |\psi(x)|^2 dx = \psi^*(x)\psi(x)dx = \psi(x)\psi^*(x)dx \qquad (2.32)$$

で与えられるというものである（図 2.2 参照）[*9]．

　ボルンの**波動関数の確率解釈**に基づけば，粒子は $-\infty \sim +\infty$ の範囲内に必ず存在するはずであるから，この範囲で式 (2.32) の確率を積算したものは 1 となる．つまり，

$$\int_{-\infty}^{+\infty} |\psi(x)|^2 dx = 1 \qquad (2.33)$$

という条件が満たされている必要がある．式 (2.33) を満足する波動関数は，**規格化**されているという．

　ここで，波動関数（もしくは確率密度）について少しでも具体的イメージを持ってもらえるよう，電子の波動性に関する外村（A. Tonomura）らの研究結果を紹介しよう．光の波動性を検証したヤングの二重スリット実

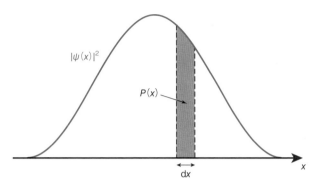

図 2.2　粒子を見いだす確率

赤線が確率密度 $|\psi(x)|^2$ を示し，うす赤色の部分が確率 $P(x)$ を示す．

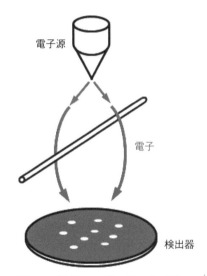

図 2.3　電子の二重スリット実験の模式図

電子源から 1 個ずつ放出された電子が，途中に張られた金属線の右側もしくは左側を通過して，検出器に到達する．電子が衝突すると白い輝点として観測され，検出器平面のどこに到達したかがわかる．

験の電子バージョンといえる実験である．実験の模式図を図 2.3 に示す．実測結果は図 2.4 である．測定開始直後〔図中 (a)〕では電子の個数は少なく，その位置はランダムに見える．測定時間の経過とともに電子数は増加し〔図中 (b)〕，輝点の分布にわずかな濃淡があるようにも見える〔図中 (c)〕．最終的には，輝点が集中した部分と少ない部分との明確な縞模様が現れる〔図中 (d)〕．この縞模様こそ，2 つの異なる経路を通った電

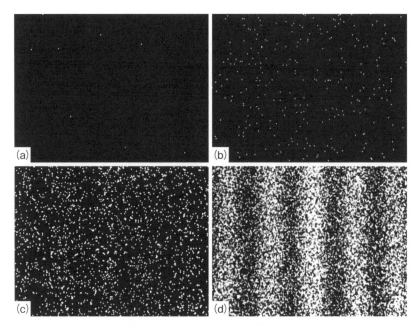

図2.4　電子の二重スリット実験の結果
観測時間は，（a）から（d）にかけて長くなっている．
出典・株式会社日立製作所研究開発グループ
A. Tonomura, J. Endo, T. Matsuda, and T. Kawasaki, *Am. J. Phys.* **57**, 117（1989）.

子の波の間の干渉の結果である．今，電子は1個ずつ検出されているので，観測された干渉は電子1個の波に由来する．

　この実験では，多数の異なる電子を観測している．しかし，それぞれの電子はまったく同じ状況を経験しているので，どれも同じシュレディンガー方程式に則って運動していると考えてよい．そのため，多数の電子に対する観測結果であるスクリーン上の分布が，一つの電子についての「その位置に見つかる確率」に比例していると見なせる．よって，観測する電子数が多いほど，シュレディンガー方程式の解に対する確率密度 $|\psi(x)|^2$ をより高い精度で決めることができる．一方，電子1個に対する観測では（図中の（a）が示すように）どの位置に現れるかは確定できない．式（2.32）で示される確率で現れるとしかいえない．波動関数の確率解釈とは，このような状況を意味している．

章末問題

[2.1]　体重 60 kg の人が，時速 5 km で歩いている．この人を波動と考えた場合，その波長はいくらか．

[2.2]　電子を 100，1000，10000 V で加速した場合，電子の速度はいくらか．また，電子を波動と考えた場合，対応する波長はいくらか．

[2.3]　二つの演算子 $\hat{A}$, $\hat{B}$ に対して，以下の新しい演算子（交換子と呼ばれる）を定義する．
$$[\hat{A}, \hat{B}] \equiv \hat{A}\hat{B} - \hat{B}\hat{A}$$
1)　位置とポテンシャルエネルギーの演算子に対する交換子
$$[x, \hat{V}] = [x, V(x)]$$
はどのような演算子になるか．

2)　位置座標と運動量の演算子に対する交換子
$$[\hat{x}, \hat{p}] = \left[x, -i\hbar\frac{\mathrm{d}}{\mathrm{d}x}\right]$$
は，どのような演算子となるか．

ヒント：任意の関数 $f(x)$ に対して，
$$[\hat{A}, \hat{B}]f(x) = (\hat{A}\hat{B})f(x) - (\hat{B}\hat{A})f(x) = \hat{A}[\hat{B}f(x)] - \hat{B}[\hat{A}f(x)]$$
を考える．

[2.4]　以下の演算子 $\hat{A}_n$ の固有値問題を考えよう．
$$\hat{A}_n = \frac{\mathrm{d}^n}{\mathrm{d}x^n} \quad (n = 1, 2, 3, \cdots)$$
1)　$n=1$ の場合の固有値問題を解け．つまり，
$$\hat{A}_1 f(x) = \frac{\mathrm{d}}{\mathrm{d}x} f(x) = af(x)$$
となるような関数 $f(x)$ を求めよ．ここで，a はある定数とする．なお，ここでは $f(x)$ を規格化する必要はない．

2)　$f(x)$ が $\hat{A}_n$ の固有関数であることを示せ．また，$\hat{A}_n$ の固有値を求めよ．

第 3 章

箱の中の粒子

● *Introduction*

第 2 章で学んだシュレディンガー方程式を,「箱に閉じ込められた粒子」という最もシンプルな問題に適用する. まず, 演算子としてのハミルトニアンに対する固有値問題を具体的に解き, 波動関数と固有エネルギーを求める. 境界条件によって, エネルギーの離散化が自然に導かれることを学ぶ. そのうえで, 波動関数の形状や性質を検討することを通じて, さまざまな問題に広く適用できる量子力学の基本事項を理解しよう.

3-1　1 次元の箱に閉じ込められた粒子

前章で量子力学の基本方程式であるシュレディンガー方程式を学んだので, さっそく, 具体的な問題に適用してみよう. まず, 最もシンプルで解析的に固有値問題を解くことができる例として, 次のように質量 m の粒子が x 軸上を運動することを考える. つまり, 粒子は二つの壁の間を自由に動くことができるが, 壁の外に出ることはできないとする (図 3.1). このような粒子は箱に閉じ込められているとも見なせるので, **箱の中の粒子**と呼ばれる.

この運動に対応する量子力学的ハミルトニアンは, 以下のように示される.

$$\hat{H} = -\frac{\hbar^2}{2m}\frac{\mathrm{d}^2}{\mathrm{d}x^2} + V(x) \tag{3.1}$$

$$V(x) = \begin{cases} 0 & 0 \leq x \leq a \\ \infty & x \leq 0, \ x \geq a \end{cases} \tag{3.2}$$

式 (3.2) で示されるようなポテンシャルエネルギーは, **箱型**もしくは**井戸型ポテンシャル**と呼ばれる. この演算子としてのハミルトニアンに対する固有関数 (波動関数) と固有値 (固有エネルギー) を求めることが本章の主目的である.

具体的な議論の前に, 一般的に波動関数が満たすべき条件についてまとめておこう. 波動関数は, 微分方程式であるシュレディンガー方程式

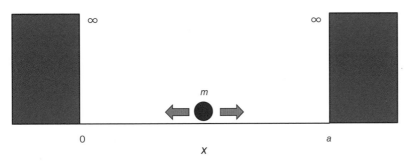

図3.1　1次元箱中の粒子の運動の模式図

(2.12) の解であるから，波動関数とその微分は

- 1価の関数である（さもなくば，同じ x に対し複数の異なる値を持ってしまう），
- なめらかな関数である（さもなくば，微分が計算できない）.

また，波動関数は式 (2.33) のように規格化されているべきだから，

- 有限の関数である（さもなくば，式 (2.33) の積分が発散する）.

　そこで，まず箱の外側について考えると，この領域$(x≤0, a≤x)$では粒子は存在しえないので，波動関数を$\psi(x)$とすると

$$\psi(x≤0)=\psi(x≥a)=0 \tag{3.3}$$

である．特に，ポテンシャルが切り替わる壁の内側と外側の境界では，

$$\psi(x=0)=0 \tag{3.4a}$$

$$\psi(x=a)=0 \tag{3.4b}$$

となる．このように，運動の物理的制約に対応して波動関数が満たすべき条件を**境界条件**と呼ぶ.

　続いて，壁の内側$(0≤x≤a)$について考えよう．この領域内では $V(x)$ $=0$ であるので，対応するシュレディンガー方程式は，

$$\left[-\frac{\hbar^2}{2m}\frac{\mathrm{d}^2}{\mathrm{d}x^2}\right]\psi(x)=E\psi(x) \tag{3.5}$$

となる．ここで，運動エネルギーはゼロ以上のはずなので，全エネルギーも $E≥0$ となるはずである．実際，$E<0$ では適切な波動関数は得られない（章末問題［3.1］参照）．そこで，

$$k \equiv \sqrt{2mE}/\hbar \tag{3.6}$$

とおくと，式 (3.5) は次のように書き換えられる.

$$\left[\frac{\mathrm{d}^2}{\mathrm{d}x^2}+k^2\right]\psi(x)=0 \tag{3.7}$$

この微分方程式を満たす関数として，$\sin(kx)$，$\cos(kx)$ の二つが考えられる．そこで，波動関数は $\sin(kx)$ と $\cos(kx)$ の線形結合，

$$\psi(x)=c_s\sin(kx)+c_c\cos(kx) \tag{3.8}$$

として表されるであろう．ここで，c_s, c_c は定数である．

> **例題 3.1**　式 (3.4a) で示される境界条件を満足する c_s, c_c を求めよ．
>
> **≪解答≫**　式 (3.8) を式 (3.4a) に代入して，
>
> $$\psi(0)=c_s\sin(0)+c_c\cos(0)=c_s\,0+c_c\,1=0 \tag{3.9}$$
>
> つまり，
>
> $$c_c=0 \tag{3.10}$$

　式 (3.10) の結果から，波動関数は

$$\psi(x)=c_s\sin(kx) \tag{3.11}$$

と示される．波動関数は常にゼロでない（さもなくば，確率密度が常にゼロとなり粒子が存在しないことになる！）ので，$c_s\neq0$ である．ここで，もう一つの境界条件である式 (3.4b) を適用すると

$$\psi(a)=c_s\sin(ka)=0 \tag{3.12}$$

となる．$c_s\neq0$ なので，式 (3.12) が成立するためには $\sin(ka)=0$ であり，

$$ka=n\pi \qquad n=0, 1, 2, \cdots \tag{3.13}$$

となる．ここで，$n=0$ とすると物理的に適切な波動関数とならないので除外する（章末問題 [3.2] 参照）．式 (3.6) と式 (3.13) を組み合わせると，

$$k=\frac{\sqrt{2mE}}{\hbar}=\frac{n\pi}{a} \tag{3.14}$$

となる．これより，エネルギー固有値は

$$E_n=\frac{(\hbar k)^2}{2m}=\frac{(\pi\hbar)^2}{2ma^2}n^2=\frac{h^2}{8ma^2}n^2 \tag{3.15}$$

と求まる．ここで，n は $1, 2, 3, \cdots$ の値をとり，波動関数と固有エネルギーの組（つまりエネルギー準位）$\{\psi_n(x), E_n\}$ を特徴づける**量子数**である[*1]．このように，境界条件のもとでシュレディンガー方程式を解くことによって，**離散的エネルギー準位**が自然と導き出されたことに注目しよう．

*1　これ以降，波動関数と固有エネルギーに対して量子数 n を下付きとして明示する．なお，多自由度の問題を取り扱う場合，全座標をあらわに表記するのは煩雑であり，その必要性も低い場合が多いので，しばしば，ψ_n のように座標を省略した表現が用いられる．

次に，波動関数について考えよう．波動関数は規格化されているべきなので，式 (2.33) を満たすべきだが，今は，式 (3.3) で示すように壁の外側では波動関数はゼロなので，

$$\int_{-\infty}^{\infty} |\psi_n(x)|^2 dx = \int_{-\infty}^{0} |\psi_n(x)|^2 dx + \int_{0}^{a} |\psi_n(x)|^2 dx$$

$$+ \int_{a}^{\infty} |\psi_n(x)|^2 dx = \int_{0}^{a} |\psi_n(x)|^2 dx = 1 \tag{3.16}$$

が規格化条件となる．

例題 3.2 式 (3.16) より，式 (3.12) の定数 c_s を求めよ．

≪解答≫ 式 (3.16) に式 (3.12) を代入して，

$$\int_{0}^{a} |\psi_n(x)|^2 dx = |c_s|^2 \int_{0}^{a} \sin^2(kx)\, dx = 1 \tag{3.17}$$

ここで，三角関数の公式を用いて，

$$\int_{0}^{a} \sin^2(kx)\, dx = \frac{1}{2}\int_{0}^{a} [1 - \cos(2kx)]\, dx = \frac{1}{2}\left[x + \frac{1}{2k}\sin(2kx)\right]_{0}^{a} = \frac{a}{2} \tag{3.18}$$

であるので，式 (3.17) と組み合わせて

$$\frac{a}{2} |c_s|^2 = 1 \tag{3.19}$$

となる．規格化定数は，実数とすることができ，また，符号も任意に選べる[*2]．そこで，

$$c_s = \sqrt{\frac{2}{a}} \tag{3.20}$$

---

*2 波動関数 $\psi_n(x)$ 自体は観測量でない．また，すべての観測量は波動関数の絶対値の2乗に関連付けられている．確率密度がその一例である．そのため，$|C| = 1$ であるような任意の係数 C（複素数でもよい）を波動関数にかけても，算出される観測量は変化しない．そこで，取り扱いが容易なように，係数 C を適当に調節して波動関数を実数に取る場合が多い（ただし，本質的に複素数として取り扱わなければならない場合もある）．そこで，本書で現れる波動関数は，ほとんどが実数形として表現されている．複素数の波動関数は 4-2 節で現れる．

以上で，波動関数ならびに固有エネルギーが出そろったので，ここで，箱の中の粒子の量子状態についてまとめておこう．

■波動関数

$$0 \leq x \leq a \qquad \psi_n(x) = \sqrt{\frac{2}{a}} \sin(k_n x) = \sqrt{\frac{2}{a}} \sin\left(\frac{n\pi}{a}x\right) \tag{3.21}$$

$$x \leq 0,\ a \leq x \qquad \psi_n(x) = 0$$

■固有エネルギー

$$E_n = \frac{(\hbar k_n)^2}{2m} = \frac{h^2}{8ma^2} n^2 \qquad n = 1, 2, 3, \cdots \tag{3.22}$$

ただし，

$$k_n = \frac{\sqrt{2mE_n}}{\hbar} = \frac{n\pi}{a} \tag{3.23}$$

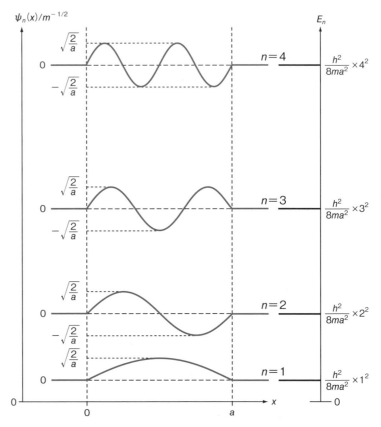

図3.2　箱の中の粒子の波動関数とエネルギー準位ダイアグラム
波動関数を赤線のグラフで，エネルギー準位を黒線横棒で示した．波動関数の値については左側のスケール，エネルギーについては右側のスケールで表示してある．なお，波動関数のグラフは，縦軸の原点をエネルギー準位だけずらして表示してある．

図3.2に，$n=1 \sim 4$ に対するエネルギーダイアグラムと，対応する波動関数を示す．

3-2　エネルギー準位と波動関数の一般的性質

　前節の議論は，箱の中の粒子の運動という一つの例を取り上げたものだが，そこで明らかになったいくつかの性質は，他のさまざまな運動に関しても一般的に成立する．ここで，それらをまとめておこう．

3.a　限られた領域内を運動する粒子は，離散化された固有エネルギーを持つ．この点が，エネルギーは連続的に変化しうる古典力学とまったく異なる．一方，有限の領域に「波」が閉じ込められている場合に振動は離散化するという点では，古典的な定在波と類似である．実際，図3.2の波動

CHeck POINT

量子力学では，波動関数は粒子の運動状態を完全に記述すると考える．そのため，波動関数を**量子状態**，もしくは単に**状態**と呼ぶ．一方で，波動関数と固有エネルギーの組によって運動が特定されると考え，その組を**量子状態**，もしくは**固有状態**と呼ぶ場合もある．

関数は，バイオリンやギターなどの弦の振動と同形であることに注意しよう．つまり，粒子が波動性を持つことを認めるなら（これがマクロな世界に住むわれわれには直感的にはまったく理解しにくいのだが），離散的状態は当然の理論的帰結といえる[*3]．

3.b ポテンシャルの最小値をエネルギーの原点とした場合，最安定の状態（箱の中の粒子では $n=1$）でも，その全エネルギーは必ず正となる．この全エネルギーのことを**ゼロ点エネルギー**と呼ぶ．古典的粒子ならばポテンシャル最小の位置で静止することが可能で，全エネルギーはゼロとなりうる．一方，定在波である波動関数は図 3.2 が示すように広がって分布せざるをえず，有限の運動エネルギーを必ず持つので，全エネルギーは正となる．なお，最安定な量子状態は，**基底状態**，**最安定準位**などと呼ばれる．それに対して，最安定状態以外は，**励起状態**，**励起準位**などと呼ばれる．

3.c 波動関数がゼロとなる点（より正確には，波動関数の値が正 $\rightleftarrows$ 負と切り替わる点）を**節**と呼ぶ．各量子状態における節の数は，最安定準位からエネルギーが大きくなる順に，0, 1, 2, …と増加する．波動関数の絶対値の 2 乗である確率密度は，節の位置でゼロとなる．つまり，節の位置に粒子を見いだすことはない．

続いて，波動関数に関するその他の重要な性質をまとめよう．まず，二つの波動関数の積について考える．各波動関数は規格化されているので，$\psi_n^* \psi_n = \psi_n \psi_n^*$ の全空間での積分は 1 であることはすでにわかっている．では，$m \neq n$ に対して $\psi_m^* \psi_n$ や $\psi_m \psi_n^*$ についてはどうなるだろうか．実は，

3.d 波動関数には，一般に以下の関係が成立する．

$$\int_{-\infty}^{\infty} \psi_m^* \psi_n \, \mathrm{d}x = \delta_{m,n} = \begin{cases} 1 & m=n \\ 0 & m \neq n \end{cases} \tag{3.24}$$

ここで，$\delta_{m,n}$ はクロネッカーのデルタと呼ばれる．式（3.24）を満たすような関数の集合を**規格直交系**と呼ぶ．つまり，ハミルトニアン演算子の固有関数である波動関数の集合は，規格直交系である[*4]．

最後に，波動関数と物理量の関係について説明しよう．

3.e ψ_n なる量子状態にある粒子を考える．この粒子に対してある物理量 a（井戸の幅 a とは異なるので注意）を観測する場合，観測値の期待値 $\langle a \rangle$

は波動関数に関する以下の積分で与えられる.

$$\langle a \rangle = \int_{-\infty}^{\infty} \psi_n^* \hat{A} \psi_n \mathrm{d}x \tag{3.25}$$

ここで, $\hat{A}$ は物理量 a に対応する演算子である.

　物理量と演算子の対応関係は, 前章の式 (2.22) 〜 (2.26) に示されている. それでは, 具体的に式 (3.25) を使ってみよう.

例題 3.3 式 (3.21) の波動関数 $\psi_n(x)$ に式 (3.25) を適用し, 運動エネルギーの期待値を求めよ.

≪解答≫ 運動エネルギー E_K に対する演算子は式 (2.24) で示されている. よって, その期待値は,

$$\langle E_K \rangle = \int_{-\infty}^{\infty} \psi_n^* \hat{E}_K \psi_n \mathrm{d}x = \int_0^a \frac{2}{a} \sin(k_n x) \left[-\frac{\hbar^2}{2m} \frac{\mathrm{d}^2}{\mathrm{d}x^2} \right] \sin(k_n x) \, \mathrm{d}x \tag{3.26}$$

$$= \frac{2}{a} \frac{\hbar^2 k_n^2}{2m} \int_0^a \sin^2(k_n x) \, \mathrm{d}x = \frac{\hbar^2 k_n^2}{2m} = E_n$$

箱の中ではポテンシャルエネルギーはゼロなので, 当然, 運動エネルギーの期待値は全エネルギーと等しくなる. このように, 式 (3.25) はエネルギーや運動量などの期待値を求めるために頻繁に利用される.

3-3　粒子が複数存在する場合の取り扱い

　今までは, 1個の粒子のみの運動を考えてきたが, ここでは複数個の粒子の運動を考えよう. 簡単のために, 同じ質量 m を有する粒子2個の1次元の箱の中での運動を取り上げる. ここでは, 二つの粒子の間にはまったく力が働かないとする (x 軸上を動き回るのであるから本来は必ず衝突が起こるはずであるが, 二つの粒子は互いにすり抜けると仮想的に考える). この場合, 二つの粒子の運動全体に対する量子力学的ハミルトニアンは, 以下のように示される.

$$\hat{H}_{12} = \hat{H}_1 + \hat{H}_2 \tag{3.27}$$

ここで, 右辺の各項は

$$\hat{H}_i = -\frac{\hbar^2}{2m} \frac{\mathrm{d}^2}{\mathrm{d}x_i^2} + V(x_i) \qquad i = 1, 2 \tag{3.28}$$

で示される1番目・2番目の粒子のみに関するハミルトニアンであり, x_1, x_2 は粒子1もしくは2の位置座標である. このとき, 全エネルギーと対応する波動関数は, 以下のように示される.

$$E_{12} = E_{n_1} + E_{n_2} \tag{3.29}$$

$$\psi_{12}(x_1, x_2) = \psi_{n_1}(x_1)\,\psi_{n_2}(x_2) \tag{3.30}$$

ここで，

$$\hat{H}_1\psi_{n_1}(x_1) = E_{n_1}\psi_{n_1}(x_1)$$

$$\tag{3.31}$$

$$\hat{H}_2\psi_{n_2}(x_2) = E_{n_2}\psi_{n_2}(x_2)$$

である．つまり，全エネルギーは各粒子のエネルギーの和となり，全波動関数は各粒子の波動関数の積となる[*5]．

*5 全波動関数は各波動関数の「和」と思ってしまうかもしれないが「積」が正しい．これは，全波動関数は運動自由度 x_1, x_2 に対する 2 次元空間の関数であり，いわば平面の各点 (x_1, x_2) 上の関数である．各粒子の波動関数はそれぞれ x_1, x_2 軸方向の 1 次元の関数であるので，その積として 2 次元空間を張る必要がある．

章末問題

[3.1] 箱の中の粒子に対しては，$E < 0$ とすると適切な波動関数は得られないことを示せ．
〔ヒント〕$k \equiv \sqrt{-2mE}/\hbar$ とおいて，式（3.5）を以下のように書き換える．

$$\left[\frac{d^2}{dx^2} - k^2\right]\phi(x) = 0$$

この微分方程式を満たす関数を二つ見つけ出し，その線形結合として波動関数を表現する．そのうえで，境界条件（3.4）を満たすように展開係数を求める．最終的に得られる波動関数はどうなったか？

[3.2] 箱の中の粒子に対しては，$E = 0$ に対応する $n = 0$ の波動関数は，物理的に適切でないことを示せ．
〔ヒント〕式（3.11）の波動関数で $n = 0$ の場合を考え，境界条件（3.4b）を適用する．

[3.3] 式（3.12）の条件は，$n = -1$, -2, -3…でも満たされる．なぜ，これらの負の整数を考慮する必要がないのか，その理由を述べよ．
〔ヒント〕$n = 1, 2, 3$…に対する波動関数と比較する．

[3.4] 箱の中の粒子の波動関数〔式（3.21）〕が，$x = a/2$ について偶関数であるか奇関数であるか述べよ．ただし，関数 $f(x)$ が $f(x+x_0) = f(-x+x_0)$ なる関係を満たすとき（ただし x_0 は定数），$f(x)$ は $x = x_0$ について偶関数であるという．一方，$f(x+x_0) = -f(-x+x_0)$ なる関係を満たすとき，$f(x)$ は $x = x_0$ について奇関数であるという．

[3.5] 箱の中の粒子を用いて，青色発光ダイオードを作ろう．箱の中の粒子が $n = 2$ の励起状態から $n = 1$ の基底状態へ遷移する際に放出する光を利用する．粒子として電子を用いる場合と，陽子を用いる場合で，箱（ポテンシャル井戸）のサイズ a はどのような値にすればよいか．この結果から，どちらのダイオードが実現可能と考えられるか．なお，青色光の波長は各自が調べて適切に設定すること．（実は，このようなダイオードは量子カスケードレーザーとしてすでに実用化されている．ただし，発振波長は今のところ赤外から遠赤外領域である．）

[**3.6**]　箱の中の粒子の波動関数について，以下の直交関係が成立することを示せ．

$$\int_0^a \psi_m^* \psi_n \mathrm{d}x = \int_0^a \psi_m \psi_n^* \mathrm{d}x = \frac{2}{a} \int_0^a \sin\left(\frac{m\pi}{a}x\right) \sin\left(\frac{n\pi}{a}x\right) \mathrm{d}x = 0 \qquad m \neq n$$

〔**ヒント**〕以下の三角関数の公式を利用する．

$$\sin(A)\sin(B) = \frac{1}{2}[\cos(A-B) - \cos(A+B)]$$

[**3.7**]　式（3.21）の波動関数 $\psi_n(x)$ に式（3.25）を適用し，位置および運動量の期待値 $\langle x \rangle$ および $\langle p \rangle$ を求めよ．

〔**ヒント**〕適宜，以下の公式を利用する．

$$\sin(A)\cos(A) = \frac{1}{2}\sin(2A)$$

$$\sin^2(A) = \frac{1}{2}[1 - \cos(2A)]$$

$$[x\sin x]_a^b = \int_a^b \sin x \mathrm{d}x + \int_a^b x\cos x \mathrm{d}x$$

[**3.8**]　式（3.27）のハミルトニアン演算子の固有エネルギーと波動関数が，それぞれ式（3.29），（3.30）であることを示せ．

第4章

水素原子

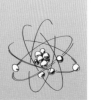

● *Introduction*

本章では量子力学の原理（第2章）に基づいて，水素原子を取り扱う．エネルギーに関しては，ボーアの理論と同一の結果が得られる．水素原子中の電子の運動を記述する量子数の組，ならびに対応する波動関数が，適切な数学的取扱いにより自動的に導き出されることを理解する．

4-1 極座標表示と中心力のハミルトニアン

ボーアの理論（1-4節）は仮説のもとに構築されていたが，本章では第2章で説明した量子力学の原理に基づいて，水素原子を考えよう．

まず，対応する**ハミルトニアン**を考えよう．ここでは1-5節同様に水素原子核（陽子）は電子に比べて十分に重いので，その位置を座標原点 O にとり，電子の位置をベクトル **r** で示す（図4.1）．直交座標の成分としては (x, y, z) である．核と電子は，静電的クーロン力によって互いに引き付け合う．この引力に対応するポテンシャルエネルギーは，核と電子との間の距離 $r = |\mathbf{r}|$ を用いて，

$$V(r) = -\frac{e^2}{4\pi\varepsilon_0 r} \tag{4.1}$$

と表される．ここで，e は**電気素量**，ε_0 は**真空の誘電率**である．式(4.1)に電子の3次元的な運動エネルギーを付け加えることにより，水素原子の古典的ハミルトニアンが得られる．

$$H = \frac{1}{2m_e}(p_x^2 + p_y^2 + p_z^2) + V(r) \tag{4.2}$$

ここで，m_e は電子の質量，p_x, p_y, p_z は x, y, z 方向の電子の運動量である．

古典論から量子論への移行は，運動量を演算子に変換すればよい〔式(2.30)参照〕．結果として量子力学的ハミルトニアンは，

$$\hat{H} = -\frac{\hbar^2}{2m_e}\left(\frac{\partial^2}{\partial x^2} + \frac{\partial^2}{\partial y^2} + \frac{\partial^2}{\partial z^2}\right) + V(r) \tag{4.3}$$

となる．

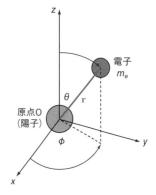

図 4.1 水素原子における座標系

ここで運動量は直交座標(x, y, z)で表現されているが，原子のような球対称性を持つ系では，以下の**極座標**(r, θ, ϕ)による表現が適切である[*1]．

$$\begin{cases} x = r\sin\theta\cos\phi \\ y = r\sin\theta\sin\phi \\ z = r\cos\theta \end{cases} \Leftrightarrow \begin{cases} r = \sqrt{x^2+y^2+z^2} \\ \tan\theta = \sqrt{x^2+y^2}/z \\ \tan\phi = y/x \end{cases} \tag{4.4}$$

ここで，(r, θ, ϕ)は図4.1のように定義される．すると，運動量演算子は

$$\hat{p}_x = -i\hbar\frac{\partial}{\partial x} = -i\hbar\left[\frac{\partial r}{\partial x}\frac{\partial}{\partial r} + \frac{\partial\theta}{\partial x}\frac{\partial}{\partial\theta} + \frac{\partial\phi}{\partial x}\frac{\partial}{\partial\phi}\right] \tag{4.5}$$

などと示される．$(\partial r/\partial x)$, $(\partial\theta/\partial x)$, $(\partial\phi/\partial x)$などの表式は，式(4.4)の右側3式を偏微分することによって得られる．それらを利用して$\hat{p}_x$, $\hat{p}_y$, $\hat{p}_z$を(r, θ, ϕ)で表し，さらに式(4.3)に代入して長々しい計算を行うと，最終的に，以下の量子力学的ハミルトニアンを導くことができる．

$$\hat{H} = -\frac{\hbar^2}{2m_e}\frac{1}{r^2}\frac{\partial}{\partial r}\left(r^2\frac{\partial}{\partial r}\right) + \frac{\hat{\mathbf{L}}^2}{2m_e r^2} + V(r) \tag{4.6}$$

ここで，$\hat{\mathbf{L}}^2$は角度座標(θ, ϕ)のみに依存する演算子で，以下の通りである．

$$\hat{\mathbf{L}}^2 = -\hbar^2\left[\frac{1}{\sin\theta}\frac{\partial}{\partial\theta}\left(\sin\theta\frac{\partial}{\partial\theta}\right) + \frac{1}{\sin^2\theta}\frac{\partial^2}{\partial\phi^2}\right] \tag{4.7}$$

ハミルトニアンがわかったので，シュレディンガー方程式

$$\hat{H}\psi(r, \theta, \phi) = E\psi(r, \theta, \phi) \tag{4.8}$$

を解いて，**波動関数**$\psi(r, \theta, \phi)$ と**エネルギー準位（エネルギー固有値，固有エネルギー）** Eを求めることが，最終的な目的である．ここで，$\psi(r, \theta, \phi)$は動径座標rのみの関数と角度座標(θ, ϕ)のみの関数の積として表すことができる．

$$\psi(r, \theta, \phi) = R(r)Y(\theta, \phi) \tag{4.9}$$

この関係を式(4.8)に代入して整理すると，

$$\left[\frac{\hbar^2}{2m_e r^2}\frac{\partial}{\partial r}\left(r^2\frac{\partial}{\partial r}\right) + E - V(r) - \frac{\lambda}{2m_e r^2}\right]R(r) = 0 \tag{4.10}$$

$$\hat{\mathbf{L}}^2 Y(\theta, \phi) = \lambda Y(\theta, \phi) \tag{4.11}$$

という，rおよび(θ, ϕ)のみに関する，二つの偏微分方程式に分離することができる．ここでλはある定数である（後ほど具体的に求める）．

4-2 角運動量

前節で導出された二つの微分方程式のうち，まず2番目の式(4.11)について考えよう．この方程式は，

$$Y(\theta, \phi + 2\pi) = Y(\theta, \phi) \qquad (4.12)$$

などの，θ，ϕ に関する境界条件のもとでは

$$\hat{L}^2 Y_{l,m}(\theta, \phi) = l(l+1)\hbar^2 Y_{l,m}(\theta, \phi) \qquad (4.13)$$

という解を持つ．つまり，固有値は $\lambda = l(l+1)\hbar^2$ である．また，固有関数は (l, m) という二つの量子数によって規定される．l は**方位量子数**と呼ばれる．その値は $l = 0, 1, 2, 3, \cdots$ しか取りえない．m は**磁気量子数**と呼ばれ，$|m| \leq l$ を満たす整数，つまり，$m = -l, -l+1, \cdots, l-1, l$ である．

固有値 λ は m に依存しない．つまり，ある l に対して，$|m| \leq l$ を満たす $(2l+1)$ 個の異なる固有関数が存在し，それらの固有値はすべて等しい．このような状態のことを，**縮重**していると呼ぶ．また，固有値の等しい固有関数の総数を**縮重度**と呼ぶ．

$Y_{l,m}(\theta, \phi)$ は**球面調和関数**と呼ばれる．θ のみ，ϕ のみの関数の積として表現することができ，

$$Y_{l,m}(\theta, \phi) = \Theta_{l,m}(\theta)\Phi_m(\phi) \qquad (4.14)$$

$$\Phi_m(\phi) = \sqrt{\frac{1}{2\pi}}\, e^{im\phi} \qquad (4.15)$$

である．$\Theta_{l,m}(\theta)$ は，$\cos\theta$，$\sin\theta$ の多項式であり，(l, m) が小さなものをいくつか具体的に示すと，以下の通りである．

$$\begin{cases} Y_{0,0}(\theta, \phi) = \dfrac{1}{\sqrt{4\pi}} \\[2mm] Y_{1,0}(\theta, \phi) = \sqrt{\dfrac{3}{4\pi}}\cos\theta = \sqrt{\dfrac{3}{4\pi}}\dfrac{z}{r} \\[2mm] Y_{1,\pm1}(\theta, \phi) = \mp\sqrt{\dfrac{3}{8\pi}}\, e^{\pm i\phi}\sin\theta \end{cases} \quad \begin{cases} Y_{2,0}(\theta, \phi) = \sqrt{\dfrac{5}{16\pi}}(3\cos^2\theta - 1) \\[2mm] Y_{2,\pm1}(\theta, \phi) = \mp\sqrt{\dfrac{15}{8\pi}}\, e^{\pm i\phi}\cos\theta\sin\theta \\[2mm] Y_{2,\pm2}(\theta, \phi) = \sqrt{\dfrac{15}{32\pi}}\, e^{\pm 2i\phi}\sin^2\theta \end{cases}$$

$$(4.16)$$

式 (4.16) は複素数表現となっているが，「縮重した固有関数の線形結合は，やはり固有関数となる」という量子力学の一般的性質を利用すると，実数形の表現を得ることができる．

> **例題 4.1** $l=1$ の $m=\pm1$ 状態の，以下の線形結合を求めよ．
>
> $$Y_{1,x}(\theta, \phi) = \frac{1}{\sqrt{2}}\left[-Y_{1,+1}(\theta, \phi) + Y_{1,-1}(\theta, \phi)\right]$$
>
> $$Y_{1,y}(\theta, \phi) = \frac{i}{\sqrt{2}}\left[Y_{1,+1}(\theta, \phi) + Y_{1,-1}(\theta, \phi)\right]$$
>
> **≪解答≫** $e^{\pm i\phi} = \cos\phi \pm i\sin\phi$ なるオイラーの公式を用いる．

ONE POINT

量子数 m はなぜ磁気量子数と呼ばれるのであろうか？

空間が等方的（つまり，x, y, z 方向に区別がない）ならば相互作用ポテンシャルは球対称となり，系のエネルギーは m に依存しない．しかしながら，外部から磁場をかけると，空間の等方性が破れてエネルギーは m に依存するようになる（m に関する縮重が解ける）．このように，磁場の効果を反映するために，m は**磁気量子数**と呼ばれる．

ONE POINT

球面調和関数は量子力学のみでなく，古典力学でも重要な役割を持っている．例えば，潮汐や地震のような球殻の運動は球面調和関数を用いて表現することができる．また，CG（コンピューターグラフィックス）における画像処理などにも利用されている．

$$Y_{1,x}(\theta, \phi) = \frac{1}{\sqrt{2}}\sqrt{\frac{3}{8\pi}}\sin\theta[e^{+i\phi}+e^{-i\phi}] = \sqrt{\frac{3}{4\pi}}\sin\theta\cos\phi = \sqrt{\frac{3}{4\pi}}\frac{x}{r}$$

$$Y_{1,y}(\theta, \phi) = \frac{i}{\sqrt{2}}\sqrt{\frac{3}{8\pi}}\sin\theta[-e^{+i\phi}+e^{-i\phi}] = \sqrt{\frac{3}{4\pi}}\sin\theta\sin\phi = \sqrt{\frac{3}{4\pi}}\frac{y}{r}$$

演習問題 4.1　以下の線形結合を求めよ.

$$Y_{2,xz}(\theta, \phi) = \frac{1}{\sqrt{2}}\left[-Y_{2,+1}(\theta, \phi) + Y_{2,-1}(\theta, \phi)\right]$$

$$Y_{2,yz}(\theta, \phi) = \frac{i}{\sqrt{2}}\left[Y_{2,+1}(\theta, \phi) + Y_{2,-1}(\theta, \phi)\right]$$

$$Y_{2,x^2-y^2}(\theta, \phi) = \frac{1}{\sqrt{2}}\left[Y_{2,+2}(\theta, \phi) + Y_{2,-2}(\theta, \phi)\right]$$

$$Y_{2,xy}(\theta, \phi) = \frac{-i}{\sqrt{2}}\left[Y_{2,+2}(\theta, \phi) - Y_{2,-2}(\theta, \phi)\right]$$

なお, $Y_{2,z^2}(\theta, \phi) = Y_{2,0}(\theta, \phi)$ である.

　実数形の球面調和関数を, 図 4.2 に示す.

　実は, 式(4.7)の $\hat{\mathbf{L}}^2$は, **角運動量**と深い関係にある. 古典的な角運動量は, 位置ベクトル **r** と運動量 **p** との外積で表されるベクトルである. 量子力学的な演算子としては, 運動量を微分演算子に変換すればよい.

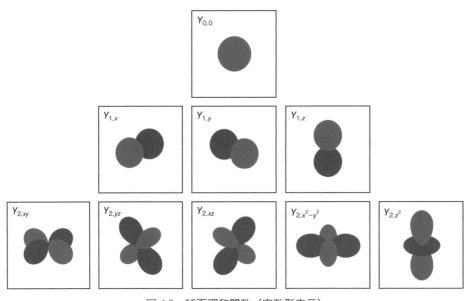

図 4.2　球面調和関数（実数形表示）

(x, y, z)軸の向きは図 4.1 と同一. ある角度方向に対する関数の値を, その方向に向いたベクトルの長さとして表している. 関数値として, 赤は正の値, 灰色は負の値を示す.

$$\hat{\mathbf{L}} = \hat{\mathbf{r}} \times \hat{\mathbf{p}} = \begin{pmatrix} \hat{y}\hat{p}_z - \hat{z}\hat{p}_y \\ \hat{z}\hat{p}_x - \hat{x}\hat{p}_z \\ \hat{x}\hat{p}_y - \hat{y}\hat{p}_x \end{pmatrix} \tag{4.17}$$

ここで，座標や運動量演算子を極座標(r, θ, ϕ)で表示すると，$\hat{\mathbf{L}}$は角度座標(θ, ϕ)だけで表現できることが示される．さらに，

$$\hat{L}^2 = \hat{L}_x^2 + \hat{L}_y^2 + \hat{L}_z^2 \tag{4.18}$$

は，式(4.7)と同一になることが証明できる．

式(4.13)より，$Y_{l,m}(\theta, \phi)$は$\hat{L}^2$の固有関数であることは明らかだが，同時に，角運動量の成分の1つである$\hat{L}_z$の固有関数でもある．ここで，

$$|\mathbf{L}| = \sqrt{l(l+1)}\hbar \tag{4.19}$$

$$L_z = m\hbar \tag{4.20}$$

となる．あるlに対して異なるmの値を持つ固有関数は，角運動量ベクトルの大きさは等しいがベクトルの向きがそれぞれ異なる状態に対応する．

4-3 水素原子の波動関数

前節において，角度部分の波動関数，および，それを規定する量子数が明らかになったので，ここでは動径方向の波動関数について考察を進めよう．式(4.10)に$\lambda = l(l+1)\hbar^2$を代入した微分方程式は，$r \to \infty$の極限で解$R \to 0$となる条件（つまり電子が核から有限の距離内に留まる条件）のもとでは，固有値（エネルギー）が以下の値の時のみに解が存在する．

$$E_n = -\frac{m_e e^4}{8\varepsilon_0^2 h^2} \frac{1}{n^2} \tag{4.21}$$

ここで，nは1, 2, 3, …なる値を取り，**主量子数**と呼ばれる．このエネルギー準位の表式は，1-5節でボーアの理論により導かれた値〔式(1.14)〕と完全に一致する．なお，方位量子数lについては，$l < n$が成立する．また，エネルギーはlには依存しない．これは，ポテンシャルエネルギーが距離rに反比例する〔式(4.1)参照〕，クーロン引力に対して特徴的な性質である．

エネルギー準位〔式(4.21)〕に対応する固有関数$R_{n,l}(r)$について，(n, l)が小さなものをいくつか具体的に示すと，以下の通りである．

$$R_{1,0}(r) = (a_0)^{-3/2} 2e^{-\sigma}$$

$$R_{2,0}(r) = (a_0)^{-3/2} \frac{1}{\sqrt{8}} (2 - \sigma) e^{-\sigma/2} \qquad R_{2,1}(r) = (a_0)^{-3/2} \frac{1}{\sqrt{24}} \sigma e^{-\sigma/2}$$

ONE POINT

主量子数nが同一な状態をまとめて**電子殻**と呼び，K殻$(n=1)$，L殻$(n=2)$，M殻$(n=3)$，N殻$(n=4)$，…と表記される．おのおのn^2個の等エネルギーな状態から構成されている．

ONE POINT

水素原子は（および，その他の一般の原子においても），mについては常に縮重している．そこで，(n, l)に対応した縮重した状態をまとめて示すことが多い．歴史的な経緯から，$l = 0, 1, 2, 3, \cdots$の状態をs, p, d, f, …という記号で示すことが通例である．つまり，$(n, l) = (1, 0), (2, 0), (2, 1), (3, 0), (3, 1), (3, 2), \cdots$の状態は，1s, 2s, 2p, 3s, 3p, 3d …と表記される．

$$R_{3,0}(r) = (a_0)^{-3/2} \frac{2}{81\sqrt{3}} \ (27 - 18\sigma + 2\sigma^2)e^{-\sigma/3} \tag{4.22}$$

$$R_{3,1}(r) = (a_0)^{-3/2} \frac{4}{81\sqrt{6}}\sigma(6 - \sigma)e^{-\sigma/3} \qquad R_{3,2}(r) = (a_0)^{-3/2} \frac{4}{81\sqrt{30}}\sigma^2 e^{-\sigma/3}$$

ただし,

$$\sigma = r/a_0 \tag{4.23}$$

$$a_0 = \frac{\varepsilon_0 h^2}{\pi m_e e^2} \tag{4.24}$$

である. a_0は, ボーアの理論における$n=1$の場合の原子核と電子間の距離に対応しているため, **ボーア半径**と呼ばれる. これらの関数をグラフとして示すと, 図4.3のようになる. $l=0$の関数は, どれも$r=0$においてゼロでない値を持つが, $l>0$の関数は$r=0$においてゼロである. また, 関数の値が正から負（もしくは負から正）に変化する点を**節**と呼ぶ. lが同一の関数において比較すると, nが最少のものでは節の数はゼロ, nが一つ大きくなるにつれて節の数も一つ増えることがわかる.

　以上, 動径および角度方向の結果を総合すると, 水素原子の波動関数は

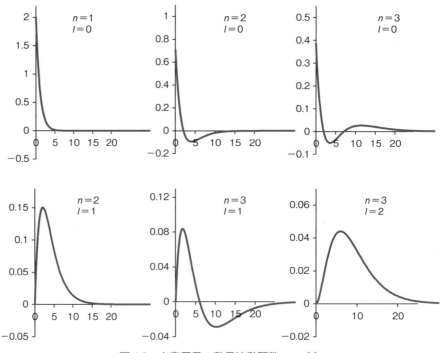

図4.3　水素原子の動径波動関数, $R_{n,l}(r)$
横軸は Bohr 半径単位. 縦軸の単位は $(a_0)^{-3/2}$.

$$\psi_{n,l,m}(r, \theta, \phi) = R_{n,l}(r) Y_{l,m}(\theta, \phi) \tag{4.25}$$

となり，主量子数 n，方位量子数 l，磁気量子数 m によって規定される．これらの量子数は以下の範囲の値を取る．

$$
\begin{aligned}
&n = 1, 2, 3, \cdots \\
&l = 0, 1, 2, \cdots, n-1 \\
&m = l, l-1, \cdots, 0, \cdots, -l+1, -l
\end{aligned}
\tag{4.26}
$$

対応するエネルギー固有値は式(4.21)で表され，l および m には依存しない．各波動関数に対応するエネルギー固有値を図示したものは，図 1.5 と同様である．

例題 4.2　エネルギーが式(4.21)で与えられる波動関数 $\psi_{n,l,m}(r, \theta, \phi)$ は全部でいくつか？

≪解答≫　ある n に対して，l は $0 \sim (n-1)$ の n 個存在する．そのおのおのの l に対し，m は $(2l+1)$ 個存在する．よって，全状態数（縮重度）は

$$\sum_{l=0}^{n-1}(2l+1) = 2\sum_{l=0}^{n-1}l + \sum_{l=0}^{n-1}1 = 2\frac{(n-1)n}{2} + n = n^2$$

実数表示の水素原子の波動関数の一部を，以下に示す．

$$
\begin{aligned}
&\psi_{ns}(r, \theta, \phi) = R_{n,0}(r) Y_{0,0}(\theta, \phi) \\
&\psi_{np_\alpha}(r, \theta, \phi) = R_{n,1}(r) Y_{1,\alpha}(\theta, \phi) &\alpha = x, y, z \\
&\psi_{nd_{\alpha\beta}}(r, \theta, \phi) = R_{n,2}(r) Y_{2,\alpha\beta}(\theta, \phi) &\alpha\beta = xy,\ yz,\ zx,\ x^2-y^2,\ z^2
\end{aligned}
\tag{4.27}
$$

図 4.4 には，いくつかの関数に関しての断面図を示した．これらの波動関数の絶対値の 2 乗 $|\psi_{n,l,m}(r, \theta, \phi)|^2$ は，その位置に電子を見いだす**確率密度**を意味する．$n=1$ の状態では，確率密度がゼロとなる曲面（**節面**と呼ばれる）は存在しない．一方，$n=2$ および 3 の各波動関数では，おのおの 1 枚および 2 枚の節面が存在する．波動関数の節（面）の数とともに固有エネルギーが増大するという，量子力学の一般的な性質の一例となっている．

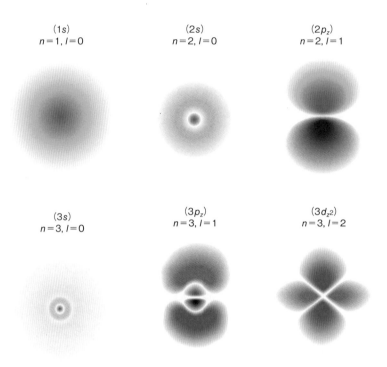

(1s)
$n=1, l=0$

(2s)
$n=2, l=0$

($2p_z$)
$n=2, l=1$

(3s)
$n=3, l=0$

($3p_z$)
$n=3, l=1$

($3d_{z^2}$)
$n=3, l=2$

図 4.4　水素原子の波動関数の yz 平面での断面図
z 軸は，紙面上向き．赤・灰色はおのおの正・負の関数値を示す．色が濃い部分ほど，
関数値の絶対値が大きい．つまり，電子を見いだす確率密度が高い．

章末問題

[**4.1**] 式（4.6）〜（4.9）より，式（4.10）と（4.11）が得られることを示せ．

[**4.2**] 動径方向の波動関数 $R_{n,l}(r)$ について．一般には，節の数は (n, l) を用いてどのように示されるか．

[**4.3**] 動径方向において，$r \sim r+dr$ の範囲に電子が存在する確率は，動径分布関数 $g(r)$ を用いて以下のように表される．

$$g(r)dr \equiv |R_{n,l}(r)|^2 r^2 dr$$

　1s 波動関数（$n=1, l=0$）において，$g(r)$ が最大値を与える r の値を求め，ボーア半径 a_0 と比較せよ．

[**4.4**] 水素原子同様に電子は 1 個で，原子核の電荷が $+Ze$ であるような原子は，水素様原子と呼ばれる．He^+ や Li^{2+} がその例である．このような原子の固有エネルギーを求めよ．

第5章

多電子原子

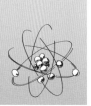

● *Introduction*

本章では，第4章の水素原子（1電子原子）の結果をもとにして，複数の電子を持つ一般の原子のエネルギーについて議論する．多電子系についての適切な近似を導入し，電子スピンや原子軌道の概念を理解した後，多電子原子の電子配置により，元素の周期律が見事に説明されることを学ぼう．

5-1 有効核電荷モデルと原子軌道

前章では水素原子について議論し，エネルギーと波動関数が解析的に得られることを学んだ．このように，電子が1個の系では「美しい」答えが得られたが，複数の電子が存在する一般の原子ではどうだろうか？

ここではまず，2電子系，つまり，ヘリウムを考えよう．簡単化のために，水素原子同様に，原子核を座標原点にとる．原子中での二つの電子の位置を図5.1のように取ると，ヘリウムのハミルトニアンは

$$\hat{H}(\mathbf{r}_1, \mathbf{r}_2) = \hat{H}_1(\mathbf{r}_1) + \hat{H}_2(\mathbf{r}_2) + \frac{e^2}{4\pi\varepsilon_0 r_{12}} \tag{5.1}$$

$$\hat{H}_i(\mathbf{r}_i) = -\frac{\hbar^2}{2m_e}\left(\frac{\partial^2}{\partial x_i^2} + \frac{\partial^2}{\partial y_i^2} + \frac{\partial^2}{\partial z_i^2}\right) - \frac{Ze^2}{4\pi\varepsilon_0 r_i} \quad (i=1, 2) \tag{5.2}$$

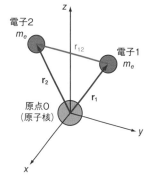

図5.1 ヘリウム原子における各粒子（原子核と電子）の位置ベクトル

となる．ここで電荷 $Z=2$ であり，$r_i = |\mathbf{r}_i|$，$r_{12} = |\mathbf{r}_{12}| = |\mathbf{r}_1-\mathbf{r}_2|$ である．式(5.1)において，第3項は二つの電子間に働くクーロン反発力に関するポテンシャルエネルギーである．この項は電子1と2の位置座標をあらわに含んでいるために，ヘリウムに対するシュレディンガー方程式

$$\hat{H}(\mathbf{r}_1, \mathbf{r}_2)\phi(\mathbf{r}_1, \mathbf{r}_2) = E\phi(\mathbf{r}_1, \mathbf{r}_2) \tag{5.3}$$

を解析的に解くことができない．何らかの近似の導入が必要である．

最も簡便で，かつ，比較的精度の高い結果を与えるのが，これから議論する有効核電荷モデルである．ここでは，原子核と電子間に働くクーロン引力の方が電子間に働く反発力より平均的には大きいことを考慮して，「電子はもっぱら核との引力によって運動しており，（本当は正しくない

が）独立に動き回っている」と仮定する．すると，電子1から見た場合，電子2がより核の近くを運動していると，核の電荷が部分的に打ち消される（**遮蔽効果**と呼ぶ）．一方，電子2が外側にいる場合は，平均としては電子1は影響を受けない．そこで，電子間相互作用を遮蔽効果として実効的に取り込むのが**有効核電荷モデル**である．具体的には，

$$\hat{H}(\mathbf{r}_1, \mathbf{r}_2) \approx \hat{H}_1^{\text{eff}}(\mathbf{r}_1) + \hat{H}_2^{\text{eff}}(\mathbf{r}_2) \tag{5.4}$$

$$\hat{H}_i^{\text{eff}}(\mathbf{r}_i) = -\frac{\hbar^2}{2m_e}\left(\frac{\partial^2}{\partial x_i^2} + \frac{\partial^2}{\partial y_i^2} + \frac{\partial^2}{\partial z_i^2}\right) - \frac{Z_{\text{eff}}e^2}{4\pi\varepsilon_0 r_i} \quad (i = 1, 2) \tag{5.5}$$

と近似する．ここで，Z_{eff}は**有効核電荷**であり，**遮蔽定数** σ を用いて以下のように表される．

$$Z_{\text{eff}} = Z - \sigma \tag{5.6}$$

式(5.4)は，$\mathbf{r}_1$のみに依存する項$\hat{H}_1^{\text{eff}}(\mathbf{r}_1)$と，$\mathbf{r}_2$のみに依存する$\hat{H}_2^{\text{eff}}(\mathbf{r}_2)$の和であるから，式(5.3)のエネルギー$E$と波動関数$\phi(\mathbf{r}_1, \mathbf{r}_2)$は近似的に以下のように示すことができる（3-3節参照）．

$$E = E_{n_1} + E_{n_2} \tag{5.7}$$

$$\phi(\mathbf{r}_1, \mathbf{r}_2) = \phi_{n_1, l_1, m_1}(\mathbf{r}_1)\, \phi_{n_2, l_2, m_2}(\mathbf{r}_2) \tag{5.8}$$

$$\hat{H}_i^{\text{eff}} \phi_{n_i, l_i, m_i}(\mathbf{r}_i) = E_{n_i} \phi_{n_i, l_i, m_i}(\mathbf{r}_i) \quad (i = 1, 2) \tag{5.9}$$

ここで，各電子のエネルギーは，前章末問題4.4で求めた水素様原子のエネルギーであり，以下の通りである．

$$E_{n_i} = -\frac{m_e Z_{\text{eff}}^2 e^4}{8\varepsilon_0^2 h^2}\frac{1}{n_i^2} \tag{5.10}$$

方程式(5.9)の解である$\phi_{n_i, l_i, m_i}(\mathbf{r}_i)$のように，原子に関する1電子の波動関数を**原子軌道**（atomic orbital）と呼ぶ．orbital（オービタル）という術語は，古典的な運動の軌跡を示すorbit（オービット）から派生して生まれたものであり，水素原子の波動関数はボーアの円運動モデルと対応していることに由来する．orbitとorbitalは日本語ではどちらも軌道と訳されるが，本来はまったく異なる概念であることに留意されたい．各原子軌道に対する固有エネルギーは，**軌道エネルギー**と呼ばれる．ヘリウム原子の波動関数は二つの原子軌道の積として示され，全エネルギーは軌道エネルギーの和となる．

エネルギーの単位として，**ハートリー**と呼ばれる次の値

$$E_h = \frac{m_e e^4}{4\varepsilon_0^2 h^2} \tag{5.11}$$

を用いると，式(5.10)は以下のように示される．

$$E_{n_i} = -\frac{E_h}{2}\frac{Z_{\mathrm{eff}}^2}{n_i^2} \tag{5.12}$$

例として，水素原子のイオン化エネルギーを，ハートリー単位で示してみよう．水素原子のエネルギーは，式(5.12)で $Z_{\mathrm{eff}}=1$ としたものである．ここで，エネルギーの原点は，核と電子間との距離が無限大の場合に対応する．一方，水素原子の最低エネルギー状態は $n=1$ であるから，イオン化エネルギーは，以下の通りとなる．

$$E_{n\to\infty} - E_{n=1} = 0 - \left(-\frac{1}{2}E_h\right) = \frac{1}{2}E_h \tag{5.13}$$

例題 5.1　1ハートリーの値を，J 単位で示せ．また，eV 単位で示せ．
≪解答≫　表紙裏の物理定数表に掲載された m_e, e, ε_0, h の値を代入すると

$$E_h = 4.35974434\times10^{-18}(\mathrm{J})$$

また，

$$1(\mathrm{eV}) = e\times1(\mathrm{V}) = 1.602176565\times10^{-19}(\mathrm{J})$$

であるので，

$$E_h = 27.211385(\mathrm{eV})$$

例題 5.2　有効核電荷モデルを用いて，ヘリウム原子を考える．遮蔽効果を無視した場合のイオン化エネルギーの値を求めよ．また，実測の値 24.58 eV を再現する遮蔽定数の値を求めよ．
≪解答≫　遮蔽効果がないと $Z_{\mathrm{eff}}=2$ である．ヘリウム原子のイオン化エネルギーは，二つの電子のうちの一つを核から無限遠の距離まで引き離すのに必要なエネルギーなので，式(5.13)と同様に

$$-E_{n=1} = \frac{E_h}{2}\frac{Z_{\mathrm{eff}}^2}{1^2} = 2E_h = 54.42(\mathrm{eV})$$

一方，実測値を再現する Z_{eff} は

$$\frac{E_h}{2}Z_{\mathrm{eff}}^2 = 24.58(\mathrm{eV})$$

より，$Z_{\mathrm{eff}}=1.34$ である．つまり，遮蔽定数 $\sigma = Z - Z_{\mathrm{eff}} = 0.66$ となる．このように，電子間に働くクーロン反発力がヘリウム原子のエネルギーに与える影響は，決して無視できない．

5-2　電子スピンとパウリの排他原理

　ヘリウム原子の波動関数は，式(5.8)のように1電子の波動関数の積として示されることがわかったが，任意の組み合わせの積が許されるわけではない．電子のスピンに関連した制約があるからである．**スピン**とは，空間座標(x, y, z)の3自由度以外のもう一つの**運動自由度**である．

　電子のスピンは，実際に空間中で何らかの物体が回転していることに起因するわけではなく，電子が本来的に持っている，角運動量の一種である．4-2節で議論した，原点を中心に電子が回る運動の角運動量（**軌道角運動量**と呼ばれる）では，対応する量子数lは0, 1, 2, …のみが許された．実は，角運動量の一般論では，1/2, 3/2, …のような半整数の量子数も許される．電子は二つのスピン状態（角運動量の向きと考えてもよい）を持つので，角運動量の大きさに対応する量子数s，ならびにその成分を表す量子数m_sは，以下の通りとなる．

$$s = \frac{1}{2} \tag{5.14}$$

$$m_s = +\frac{1}{2},\ -\frac{1}{2} \tag{5.15}$$

$m_s = +\frac{1}{2},\ -\frac{1}{2}$の状態は，それぞれ$\alpha$，$\beta$と示され，**アップスピン**，**ダウンスピン**とも呼ばれる．sを**スピン量子数**，もしくは単に**スピン**と呼ぶ．

　スピン自由度を考えると，1電子の波動関数は，空間座標の関数と，スピン関数との積で示される．スピンに関する形式的な座標をσとすると（遮蔽定数と混同しないように，また，あくまでも形式的な表現であり具体的な意味は考えなくてよい），1電子の波動関数は

$$\psi_\alpha(r, \theta, \phi, \sigma) = \phi_{n,l,m}(\mathbf{r})\alpha(\sigma)\ \ および\ \ \psi_\beta(r, \theta, \phi, \sigma) = \phi_{n,l,m}(\mathbf{r})\beta(\sigma) \tag{5.16}$$

と表現される．つまり，一つの原子軌道に対して，スピン関数の異なる二つの状態が存在する．これらは，空間座標の関数は同一で，軌道エネルギーも同一であるが，あくまでも別の状態である．

　電子や陽子のようにスピン量子数が半整数の粒子は，**フェルミ粒子**と呼ばれる．等価な二つのフェルミ粒子の座標を交換すると，系の波動関数は符号が反転する（"**反対称**"と呼ばれる）．一方，スピン量子数がゼロ以上の整数である粒子は**ボーズ粒子**と呼ばれ，座標の交換に対して波動関数はその値を変化させない（"**対称**"と呼ばれる）．この量子力学の一般的法則のために，複数の電子がまったく同じ状態となることはできない．この規則は，**パウリの排他原理**と呼ばれる．パウリの排他原理の結果として，1つの原子軌道には，スピン関数が異なる二つの電子しか入ることが許されない．

ONE POINT

　電子スピンの発見を導いた研究の一つに，1921〜1922年に行われたSternとGerlachによる実験がある．彼らは，銀の原子をビーム状に噴出して不均一磁場中を通過させると，ビームが2方向に分かれることを見いだした．銀原子中には多数の電子が存在するが，後ほど説明するように，$l=0$である原子軌道に電子が1個だけ存在するのと同じと見なすことができる．$l=0$では，$m=0$の一つの状態だけしか存在しないはずであるが，ビームが2方向に分かれたということは，実際には二つの状態が存在することを示す．磁場により力を受けてビームが分かれたということは，電子が磁気モーメントを持つことを意味する．つまり，電子はあたかも電荷を持った球体が自転しているのと同様に振る舞う．そのため，新たに見いだされた自由度は**スピン**と名づけられた．

5-3　電子配置と周期律

　これまでの議論をまとめると，以下の手続きによって，**多電子原子**について基底状態を定めることができる．

1) 他の電子の状態を考慮して遮蔽効果を見積もり，有効核電荷モデルによって軌道エネルギーを求める．

2) パウリの排他原理を満足するように，軌道エネルギーの低い原子軌道から順に，電子を配置する．

　それではまず，1) について具体的に考えてみよう．1 電子系の場合は，エネルギーは主量子数 n のみに依存し，方位量子数 l，磁気量子数 m に関しては縮重している〔式 (4.21) 参照〕．m に関する縮重は，ポテンシャルが球対称性を持ち方向に依存しないことに起因する．多電子原子でもこの等方性は保持されるので，m に関する縮重はそのままである．一方で l に関する縮重は，多電子原子では保持されない．これは，n が同じでも l が異なる原子軌道は，図 4.3 (p. 38) が示すように，空間分布が互いに異なることによる．例えば，核に近い領域で存在確率が大きい $l=0$ の原子軌道（**s 軌道**と呼ばれる）は小さな遮蔽効果しか感じないのに対して，l が大きくなると（$l=1, 2, 3, \cdots$ に対して **p, d, f,** $\cdots$**軌道**と呼ばれる），核から遠い領域の分布の割合が増えて遮蔽効果は大きくなる．遮蔽効果が小さい方が有効核電荷は大きく，その分，電子の状態はエネルギー的に安定化する，つまり，エネルギーが下がる．

　以上の結果から，原子軌道のエネルギーの大小関係は，

1a) 主量子数 n が大きい方が，エネルギー的に高い状態である．

1b) 主量子数 n が同一ならば，s 軌道が最安定で，p, d, $\cdots$ の順番で高エネルギーになる．

1c) よって，$(n+1)$s 軌道と nd 軌道の上下関係は微妙となり，逆転が起こりうる．

　一般には，$(n+l)$ が大きいほど高エネルギーとなる（不安定である）という，$(n+l)$**則**が成立することが知られている．よって，各原子軌道のエネルギーの順番は，以下のようにまとめられる．

$$1\mathrm{s} < 2\mathrm{s} < 2\mathrm{p} < 3\mathrm{s} < 3\mathrm{p} < (4\mathrm{s}, 3\mathrm{d}) < 4\mathrm{p} < (5\mathrm{s}, 4\mathrm{d}) < 5\mathrm{p} <$$
$$(6\mathrm{s}, 4\mathrm{f}, 5\mathrm{d}) < 6\mathrm{p} < (7\mathrm{s}, 5\mathrm{f}, 6\mathrm{d})$$

ここで，かっこでまとめられた原子軌道では，左側ほど安定であるが，場合によっては順番の逆転が起こる．

　軌道エネルギーが求まれば，2) のプロセスを実行して，原子中で，各電子がどのような原子軌道を占めているか，すなわち**電子配置**を決定する．ここでは，基底状態の電子配置の求め方について少し詳しく述べておこう．

ONE POINT

　主量子数が同じ s 軌道と p 軌道では，前者が後者に比べて遮蔽効果が小さいため，核電荷が大きくなるほど，s 軌道がより強く安定化される．結局，同一周期内の元素については，原子番号が大きくなるほど，s 軌道と p 軌道のエネルギー差は大きくなる．

2a）軌道エネルギーの低い原子軌道から前述の順番に則って，電子を配置する．

2b）パウリの排他原理に従って，一つの原子軌道には電子2個までが配置される．

2c）磁気量子数の縮重度によって，s, p, d, f軌道はそれぞれ，1, 3, 5, 7個のエネルギーが等しい状態が存在する．よって，配置しうる電子の総数は，おのおの，2, 6, 10, 14個である．

例題 5.3　1族の元素（アルカリ金属）Li, Na, Kについて，電子配置を示せ．

≪解答≫　Li　　　$(1s)^2 (2s)^1$

Na　　　$(1s)^2 (2s)^2 (2p)^6 (3s)^1$

K　　　$(1s)^2 (2s)^2 (2p)^6 (3s)^2 (3p)^6 (4s)^1$

(1s)，(2p)などは，(n, l)の組に対応する原子軌道をまとめたもので，**副殻**と呼ばれる．かっこの右肩の数字は，収納されている電子数である．電子が収納されている電子殻（4-3節参照）のうちで，n が最大のものを**最外殻**と呼ぶ．各副殻に最大収容数の電子が配置された状態では，電子スピンはアップとダウンの数が等しく，その効果を互いに打ち消し合うために，磁場の作用を受けなくなる．よって，アルカリ金属の場合は，最外殻の ns 軌道に配置された1個の電子が，磁場に対する振る舞いの原因となる．

演習問題 5.1　44 ページの欄外コラムで述べた通り，外部から加えた磁場に対して，銀原子は水素原子（およびアルカリ金属原子）と同様の振る舞いを示す．その理由を，銀原子の電子配置をもとに説明せよ．

スピンの向きを考慮しつつ電子配置を記述する方法として，図 5.2 のようなダイアグラムを用いることが多い．ここでは，スピン関数が α（アップ）もしくは β（ダウン）である電子を，文字通り↑もしくは↓で示してある．図 5.2 では炭素原子を取り上げた．2p 軌道は p_x, p_y, p_z の三つが存在するから，電子配置として①〜③の三つが可能である．このような場合，次の**フントの規則**を満たす配置が最安定となる．つまり，「エネルギーの等しい複数の軌道（つまり，p, d, f, …軌道）に2個以上の電子を収容する時は，できるだけ異なる軌道に，スピンの向きをできるだけ揃えて配置すると，最もエネルギーが低くなる」．よって，炭素原子では①が基底状態の電子配置である．

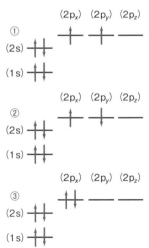

図 5.2　炭素原子の電子配置
縦軸は，各原子軌道の軌道エネルギーの大小関係を示す．上側にある原子軌道ほど，その軌道エネルギーは大きい．

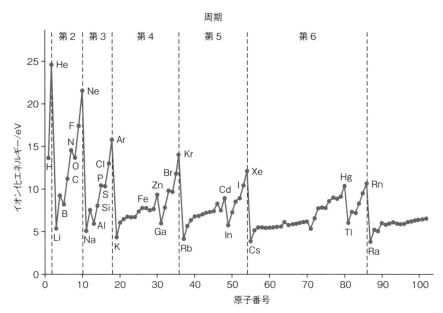

図 5.3　原子のイオン化エネルギー

演習問題 5.2　窒素原子，酸素原子の基底状態における電子配置は以下の通りである．

    N $(1s)^2 (2s)^2 (2p)^3$

    O $(1s)^2 (2s)^2 (2p)^4$

三つの 2p 軌道の占有の仕方として，可能な組み合わせすべてを挙げよ．そのうちで，基底状態となるのはどれかを示せ．

　元素の化学的および物理的性質は，原子の電子状態によって決定され，電子配置を考えた場合，最外殻電子が本質的な役割を果たす．よって，最外殻の原子軌道のうまり方が類似である原子は，類似の性質を示す．これが，19 世紀半ばにメンデレーエフ（D. I. Mendelejev）が純粋な経験則から案出した，元素の**周期律**の本質である．一例として，イオン化エネルギーを考えよう．図5.3に，原子番号に対してプロットしたイオン化エネルギーを示す．同一周期に属する原子で比較すると，全体の傾向として，原子番号が大きくなるほどイオン化エネルギーは増大し，周期表最右列の18族（貴ガス）で極大値を取る．この傾向は，以下のように説明される．

・ある電子殻が完全に占有された状態（**閉殻構造**と呼ぶ）では，その外側の電子に対して遮蔽効果はほぼ完全である．

・最外殻電子に対する遮蔽効果は，同一の電子殻に収容された電子の寄与のみ考えればよい．この遮蔽効果は不完全である．

・よって，原子番号が一つ増えた原子を考えると，核電荷の増加分を完全

ドミトリ・メンデレーエフ
1834 年～1907 年

には遮蔽しきれず，有効核電荷は増加する.
・結果として，同一周期では原子番号とともにイオン化エネルギーは増加する.
　同族内での比較では，原子番号が大きいほどイオン化エネルギーは小さくなる. この傾向は，最外殻電子の主量子数が大きくなり，軌道エネルギーが大きくなることによる.

章末問題

[5.1] 遮蔽定数 σ の算出法として，以下のような簡単な規則を考えよう.
1) 着目する電子以外の，すべての電子の寄与の総和を取る.
2) 各副殻を，以下のようにグループ分けする.
　　1s, (2s, 2p), (3s, 3p), 3d, (4s, 4p), 4d, 4f, …
3) 着目する電子より，左側のグループに属する電子は遮蔽定数 1, 同一グループの電子は遮蔽定数 0.5, 右側のグループの電子は 0 を割り振る.
ここで，第 4 周期までの原子に対して，有効核電荷を計算せよ.

[5.2] 原子の電子親和力について考えよう. 電子親和力とは，原子が 1 価の負イオンになる際の安定度，言い換えると，1 価負イオンから電子をはぎとるのに必要なエネルギーである. 上記 [5.1] と同様な有効核電荷の議論から，電子親和力の周期性について説明せよ. 極大の値を示すのは何族原子であるか.

[5.3] 第 2・第 3 周期の原子でイオン化エネルギーを比較すると，Be から B と N から O, Mg から Al と P から S で, 値のわずかな減少が見られる. この理由を，電子配置の観点から議論せよ.

第6章

分子の構造と エネルギー（1）

● *Introduction*

本章では，量子力学の基礎原理に基づいて化学結合を議論する．最も単純な分子系である水素分子イオン H_2^+ を対象として取り上げ，構成原子の原子軌道を用いて分子の波動関数を表現する近似法によって分子の軌道エネルギーや波動関数を求め，**共有結合**の本質を明らかにしよう．

6-1 水素分子イオンのハミルトニアン

第4章・第5章では，原子の固有エネルギーと波動関数について議論してきた．本章および第7章では，それら原子の量子論を土台として，「そもそも，なぜ原子と原子が寄り集まって分子となるのか？」という化学にとって最も重要な問題，つまり，**化学結合**の本質について考えていこう．

本章では，水素分子イオン H_2^+ のみを取り上げて，かなり詳しく議論する．分子と呼ぶにはあまりにシンプルとも言えるが，化学結合の理解には最適な系である．ここで登場する粒子はたった三つ，**原子核（陽子）**二つと**電子**一つである．原子の場合と同様，核の質量は電子より十分大きく，原子核同士の相対速度は原子核と電子との相対速度に比べて十分小さい．そこで，原子核は静止しており，電子のみが動き回ると仮定する．すると，図6.1のように設定した座標系のもとでは，H_2^+ のハミルトニアンは，

$$\hat{H}=-\frac{h^2}{2m_e}\left(\frac{\partial^2}{\partial x^2}+\frac{\partial^2}{\partial y^2}+\frac{\partial^2}{\partial z^2}\right)-\frac{e^2}{4\pi\varepsilon_0 r_A}-\frac{e^2}{4\pi\varepsilon_0 r_B}+\frac{e^2}{4\pi\varepsilon_0 R} \qquad (6.1)$$

と示される．ただし，$r_A=|\mathbf{r}_A|$，$r_B=|\mathbf{r}_B|$，$R=|\mathbf{R}|$ である．式(6.1)の第1項は電子の運動エネルギー，第2項・第3項は電子と核間のクーロン引力，第4項は核間のクーロン反発力に由来する．対応するシュレディンガー方程式は，

$$\hat{H}\psi(\mathbf{r};R)=E(R)\psi(\mathbf{r};R) \qquad (6.2)$$

である．ここで，$\mathbf{r}$ は電子の位置ベクトルである．式(6.2)においては，核間距離 R は運動自由度に対する変数ではなくパラメーターである．つ

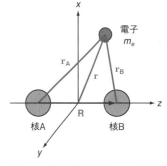

図6.1 水素分子イオンにおける各粒子の位置ベクトル

まり，ある値に固定されているが，さまざまな値を取りうる量である．

　シュレディンガー方程式(6.2)を解いて，波動関数と固有エネルギーを求めることが本章の中心課題である．なお，ここでいう固有エネルギーとは，H_2^+中の電子のエネルギーであり，Rの関数となる．これが極小値を持てばH_2^+なる分子が安定に存在することになり，その値を与えるRが安定なH_2^+分子の核間距離となる．本格的議論の前に，以下の極めて簡単な考察から，粒子の相対配置とH_2^+の安定性との関係を明らかにしよう．

例題 6.1

　電荷$+e$の原子核と電子が図6.2のような配置にある場合に，核A，B に働くクーロン力の大きさと向きを求めよ．力の大きさは$\dfrac{e^2}{4\pi\varepsilon_0}$を単位とせよ．

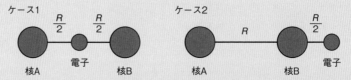

図6.2　水素分子イオンにおける各粒子の配置例

≪解答≫

ケース 1：

　原子核間は反発力，つまり，核間距離を伸ばす方向で，値は$\dfrac{1}{R^2}$．

　電子と核間は引力，つまり，核間距離を縮める方向で，値は$\dfrac{4}{R^2}$．

　合成力は，核 A および核 B ともに，核間距離を縮める方向に，$\dfrac{3}{R^2}$．

ケース 2：

　原子核間は反発力，つまり，核間距離を伸ばす方向で，値は$\dfrac{1}{R^2}$．

　電子と核 A 間の引力は，核間距離を縮める方向で，値は$\dfrac{4}{9R^2}$．

　電子と核 B 間の引力は，核間距離を伸ばす方向で，値は$\dfrac{4}{R^2}$．

　合成力は，陽子 A に対しては，核間距離を伸ばす方向に，$\dfrac{5}{9R^2}$．

　陽子 B に対しては，核間距離を伸ばす方向に，$\dfrac{5}{R^2}$．

　以上の結果は，電子が二つの核の中間の領域にある場合は，二つの核間には正味の引力が働くことを示している．つまり，系全体としては安定化する配置である．一方，電子が外側の領域に存在していると，核間には正味の反発力が働き，系としては不安定である．この議論は，特定の位置でのクーロン相互作用のみを見積もっただけであるが，量子力学的には，電

子の確率密度が核間の中間領域に多いと，系全体が安定化して「分子が生成する」のではないか，と推察できるであろう．

6-2 LCAO 近似

シュレディンガー方程式(6.2)は，厳密に解くことが可能である．しかし，これは水素分子イオンのみに適応できる特殊な方法である．そこで，近似的解法であるが一般性の高い考え方を採用しよう．この近似法では，分子の1電子波動関数(**分子軌道**)を構成原子の原子軌道の線形結合(linear combination of atomic orbitals for a molecular orbital) で表現する．略して **LCAO–MO** 法と呼ばれる．ここで，線形結合における展開係数を決定することができれば分子軌道を求めることができ，固有エネルギーも計算できる．

今の場合は，水素分子イオンの最安定な電子状態（**電子基底状態**）を求められればよい．そこで最も粗い近似として，核 A もしくは核 B を中心とした水素原子の 1s 軌道の線形結合を考えることにしよう．水素原子の 1s 関数は，4-3 節で見たように

$$\phi_{1s}(\mathbf{r}) = \phi_{1s}(r) = \frac{1}{\sqrt{\pi}}(a_0)^{-3/2} e^{-(r/a_0)} \tag{6.3}$$

である．ここで，電子の位置ベクトル $\mathbf{r}$（ならびに距離 r）は，原子核を原点として表示されている．また，s 軌道であるから，角度依存性を持たず，r のみの関数である．水素分子イオン中で，図 6.1 のように二つの原子核の中点を原点とすると，核 A もしくは B を中心とした水素原子の 1s 軌道は

$$\phi_{1sA}(\mathbf{r}) = \phi_{1s}\left(\mathbf{r} + \frac{\mathbf{R}}{2}\right), \quad \phi_{1sB}(\mathbf{r}) = \phi_{1s}\left(\mathbf{r} - \frac{\mathbf{R}}{2}\right) \tag{6.4}$$

と示される．そこで，この二つの軌道を使って分子軌道 $\Phi(\mathbf{r})$ を

$$\Phi(\mathbf{r}) = c_A \phi_{1sA}(\mathbf{r}) + c_B \phi_{1sB}(\mathbf{r}) \tag{6.5}$$

とする．係数の決定法として，分子系の対称性を利用しよう．二つの原子軌道はどちらも水素の 1s 軌道であるから，両者の寄与は等しい．よって，二つの係数の絶対値は等しいはずである．つまり，$|c_A| = |c_B|$ である．ここで，係数は実数としてよく，結局，以下の関係が成立する．

$$c_A = c_B \quad \text{もしくは} \quad -c_A = c_B \tag{6.6}$$

例題 6.2

式(6.6)の条件のもとに，式(6.5)の波動関数が規格化されるように係数を求めよ．ただし，以下で示す積分(**重なり積分**と呼ぶ)を用いよ．

$$\int \phi_{1sA}^*(\mathbf{r})\,\phi_{1sB}(\mathbf{r})\,d\mathbf{r} = \int \phi_{1sB}^*(\mathbf{r})\,\phi_{1sA}(\mathbf{r})\,d\mathbf{r} \equiv S \tag{6.7}$$

なお，この積分は全空間に対するものであり，$d\mathbf{r}$ は3次元の体積素片 $d\mathbf{r} = dxdydz$ を意味する．

≪解答≫　分子軌道 $\Phi(\mathbf{r})$ の規格化条件より，以下の等式が得られる．

$$\int \Phi^*(\mathbf{r})\Phi(\mathbf{r})\,d\mathbf{r} = \int (c_A^*\phi_{1sA}^* + c_B^*\phi_{1sB}^*)(c_A\phi_{1sA} + c_B\phi_{1sB})\,d\mathbf{r}$$

$$= c_A^* c_A \int \phi_{1sA}^*\phi_{1sA}\,d\mathbf{r} + c_B^* c_B \int \phi_{1sB}^*\phi_{1sB}\,d\mathbf{r}$$

$$+ c_A^* c_B \int \phi_{1sA}^*\phi_{1sB}\,d\mathbf{r} + c_B^* c_A \int \phi_{1sB}^*\phi_{1sA}\,d\mathbf{r}$$

$$= c_A^2 + c_B^2 + 2c_A c_B S = 1$$

ここでは，水素原子の波動関数は規格化されていることを用いた．ここで，式(6.6)の条件を代入して，以下の関係を得る．

$$c_A = c_B = \frac{1}{\sqrt{2(1+S)}} \quad \text{または} \quad c_A = -c_B = \frac{1}{\sqrt{2(1-S)}}$$

　例題6.2で求めた係数より，H_2^+ の分子軌道が得られる．まず，$c_A = c_B$ である対称な波動関数として，

$$\Phi_+(\mathbf{r}) = \frac{1}{\sqrt{2(1+S)}}[\phi_{1sA}(\mathbf{r}) + \phi_{1sB}(\mathbf{r})] \tag{6.8}$$

が存在し，その固有エネルギーは

$$E_+ = \int \Phi_+^*(\mathbf{r})\hat{H}\Phi_+(\mathbf{r})\,d\mathbf{r} = \frac{H_0 + H'}{1+S} \tag{6.9}$$

となる（3-2節参照）．ただし，

$$H_0 \equiv \int \phi_{1sA}^*(\mathbf{r})\hat{H}\phi_{1sA}(\mathbf{r})\,d\mathbf{r} = \int \phi_{1sB}^*(\mathbf{r})\hat{H}\phi_{1sB}(\mathbf{r})\,d\mathbf{r} \tag{6.10}$$

$$H' \equiv \int \phi_{1sA}^*(\mathbf{r})\hat{H}\phi_{1sB}(\mathbf{r})\,d\mathbf{r} = \int \phi_{1sB}^*(\mathbf{r})\hat{H}\phi_{1sA}(\mathbf{r})\,d\mathbf{r} \tag{6.11}$$

である[*1]．

*1　ここでは原子軌道ϕ_{1sA}，ϕ_{1sB}や分子軌道$\Phi_\pm$は実数であるので，複素共役を示す*は実は省略してよい．

　$c_A = -c_B$ である反対称な波動関数と対応するエネルギーは以下の通り．

$$\Phi_-(\mathbf{r}) = \frac{1}{\sqrt{2(1-S)}}[\phi_{1sA}(\mathbf{r}) - \phi_{1sB}(\mathbf{r})] \tag{6.12}$$

$$E_- = \int \Phi_-^*(\mathbf{r})\hat{H}\Phi_-(\mathbf{r})\,d\mathbf{r} = \frac{H_0 - H'}{1-S} \tag{6.13}$$

6-3　軌道エネルギー

　それでは，式(6.7)の重なり積分 S や，式(6.10)，式(6.11)の積分 H_0, H'

について，少し詳しく見ていこう．核間距離 R が変化すると，二つの原子軌道 $\phi_{1sA}(\mathbf{r})$，$\phi_{1sB}(\mathbf{r})$ の相対位置も変化するので，S，H_0，H' は R の関数である．まず，S の R 依存性を議論しよう．これは，原子核の位置の異なる二つの 1s 軌道の重なりであるから，$R=0$ では規格化条件より 1，R が大きくなるとなだらかに減少し，$R \to \infty$ ではゼロに収束する．

次に，式(6.10)の H_0 を考える．式(6.1)のハミルトニアンにおける，最初の2項のみを取り出して，その固有値と固有関数を考えると，

$$\hat{H}_A \equiv -\frac{\hbar^2}{2m_e}\left(\frac{\partial^2}{\partial x^2}+\frac{\partial^2}{\partial y^2}+\frac{\partial^2}{\partial z^2}\right) - \frac{e^2}{4\pi\varepsilon_0 r_A} \tag{6.14}$$

$$\hat{H}_A \phi_{1sA}(\mathbf{r}) = E_{n=1}\phi_{1sA}(\mathbf{r}) \tag{6.15}$$

であるので，全ハミルトニアンに対しては

$$\hat{H}\phi_{1sA}(\mathbf{r}) = \left(E_{n=1}+\frac{e^2}{4\pi\varepsilon_0 R}\right)\phi_{1sA}(\mathbf{r}) - \frac{e^2}{4\pi\varepsilon_0 r_B}\phi_{1sA}(\mathbf{r}) \tag{6.16}$$

が成立する．この関係を利用すると，

$$H_0 = E_{n=1} + J \tag{6.17}$$

$$J \equiv \frac{e^2}{4\pi\varepsilon_0}\left[-\int\frac{\phi_{1sA}^*(\mathbf{r})\phi_{1sA}(\mathbf{r})}{r_B}d\mathbf{r}+\frac{1}{R}\right]=\frac{e^2}{4\pi\varepsilon_0}\left[-\int\frac{\phi_{1sB}^*(\mathbf{r})\phi_{1sB}(\mathbf{r})}{r_A}d\mathbf{r}+\frac{1}{R}\right] \tag{6.18}$$

が得られる．ここで，J は**クーロン積分**と呼ばれ，第1項は，核 A を中心とした原子軌道にいる電子（電荷分布）と核 B とのクーロン引力，第2項は，原子核 A，B 間のクーロン反発力に由来する．

同様に，式(6.11)の H' も求めることができて，

$$H' = SE_{n=1} + K \tag{6.19}$$

$$K \equiv \frac{e^2}{4\pi\varepsilon_0}\left[-\int\frac{\phi_{1sB}^*(\mathbf{r})\phi_{1sA}(\mathbf{r})}{r_B}d\mathbf{r}+\frac{S}{R}\right]=\frac{e^2}{4\pi\varepsilon_0}\left[-\int\frac{\phi_{1sA}^*(\mathbf{r})\phi_{1sB}(\mathbf{r})}{r_A}d\mathbf{r}+\frac{S}{R}\right] \tag{6.20}$$

となる．ここで，K は**共鳴積分**と呼ばれ，クーロン積分とは異なり，古典的な解釈がつかないものである．分子軌道を，おのおのの原子核に中心を持つ原子軌道の線形結合で表現したために出てきた項であり，いわば，純粋に量子力学的なものである．

以上の結果を用いると，対称および反対称の波動関数 $\Phi_+(\mathbf{r})$，$\Phi_-(\mathbf{r})$ に対応する固有エネルギーは，以下のように表現される．

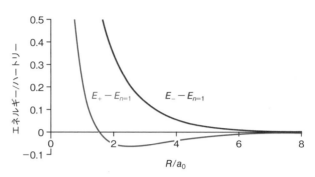

図6.3　水素分子イオンの軌道エネルギーの核間距離依存性

$$E_+ = \frac{H_0 + H'}{1+S} = E_{n=1} + \frac{J+K}{1+S} \tag{6.21}$$

$$E_- = \frac{H_0 - H'}{1-S} = E_{n=1} + \frac{J-K}{1-S} \tag{6.22}$$

　水素原子1s軌道に関する積分であるS, J, Kについては，解析的な式を得ることができる（章末問題参照）．その結果を用いて，固有エネルギーE_+, E_-を核間距離Rに対してプロットしたのが図6.3である．いかなる値のRに対しても$E_+ < E_-$であるので，波動関数$\Phi_+(\mathbf{r})$が最安定の分子軌道である．軌道エネルギーE_+, E_-ともに，$R \to 0$ではその値は無限大に発散する．これは，核間に働くクーロン反発力の効果である．一方，$R \to \infty$では，水素原子の固有エネルギー$E_{n=1}$に漸近する．つまり，$H_2^+ \to$ H(1s)＋H$^+$という水素分子イオンの解離極限に対応する．E_-はなだらかに減衰する関数であり，極小値を持たないのに対して，E_+は有限の核間距離で極小値を示す．つまり，H原子とH$^+$イオンが別々に存在するよりもエネルギーが低く安定であり，化学結合が形成していることを意味している．E_+が極小値を持つのは，もっぱら共鳴積分の効果である（章末問題参照）．固有エネルギーの核間距離R依存性から，$\Phi_+(\mathbf{r})$は**結合性**の分子軌道，$\Phi_-(\mathbf{r})$は**反結合性**の分子軌道と呼ぶことができる．

　ここでは，水素分子イオンの分子軌道を，水素原子1s軌道の線形結合で近似するモデルを考察したが，この場合は，E_+の極小値は$E_{n=1}$に対して0.0648ハートリー（1.763 eV）安定である．この値がH(1s)＋H$^+ \to$ H$_2^+$の結合エネルギーにほかならない．極小値を与える核間距離（結合距離）は$2.50\,a_0 = 132$ pmである．実測値は，結合エネルギーは**0.102**ハートリー**（2.775 eV）**，結合距離は**2.00**$a_0 =$**106 pm**である．つまり，今回の単純なモデルでは，実際の水素分子イオンの半分程度の安定化しか再現できていない．しかし，近似の程度を十分に高くすることにより，ほぼ完全に実測値を再現する結果が得られている．

6-4　分子軌道

　本章の最後では，結合性，反結合性の分子軌道$\Phi_+(\mathbf{r})$，$\Phi_-(\mathbf{r})$の形状について見てみよう．図6.4には，二つの原子核を含む直線上での，分子軌道の値をプロットしたグラフを示す．比較のために，核A，核Bを中心とする水素原子の1s軌道$\phi_{1sA}(\mathbf{r})$，$\phi_{1sB}(\mathbf{r})$も表示してある．$\Phi_+(\mathbf{r})$においては，二つの1s軌道に対する係数が等しいので，核と核の間の領域で二つの軌道が重なり合って，$\phi_{1sA}(\mathbf{r})$，$\phi_{1sB}(\mathbf{r})$のどちらか一方のみの場合よりも，関数値が大きくなっている．つまり，一方の核に局在する場合よりも値が大きい．これに対して$\Phi_-(\mathbf{r})$では，二つの1s軌道に対する係数の符号が逆であるで，核と核の間の領域では関数値が打ち消し合って中点ではゼロになってしまっている．言い換えると，$\Phi_+(\mathbf{r})$では二つの原子軌道の波動関数が正の干渉を示し，$\Phi_-(\mathbf{r})$では負の干渉を起こしている．

　電子の確率分布で見ると，状況はより明確である．図6.5に，二つの分子軌道の絶対値の2乗をプロットしたグラフを示す．比較のために，一方の核に局在した原子軌道での平均値$\dfrac{\left|\phi_{1sA}(\mathbf{r})\right|^2+\left|\phi_{1sB}(\mathbf{r})\right|^2}{2}$も表示してある．$\left|\Phi_+(\mathbf{r})\right|^2$では，核と核の間の領域の分布が増大しているのに対して，$\left|\Phi_-(\mathbf{r})\right|^2$では核間の分布は減少し，逆に外側の分布が増大している．本章のはじめに議論した通り，核と核の間の領域に電子が存在すると核同士を引き付ける力が働く．つまり，**結合性**をもたらす．一方，電子が外側の領域に存在すると核間距離を引き離す力が働き，分子を解離させる**反結合性**をもたらす．対称性の分子軌道$\Phi_+(\mathbf{r})$は，結合性の領域に電子の分布が高いために，結合が安定化して分子として存在しうる状態である．反対称性の$\Phi_-(\mathbf{r})$では，反結合性領域での分布が高く，安定な結合を生じない．

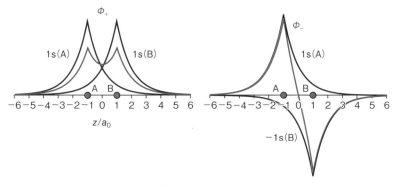

図6.4　水素分子イオンの分子軌道Φ_+，Φ_-について，二つの原子核を含む直線上での値をプロットしたもの（赤線）
　二つの核の中点が原点であり，核間距離$R=2a_0$としてある．比較のため，核A，Bを中心とする水素原子の1s軌道も表示してある（黒線）．

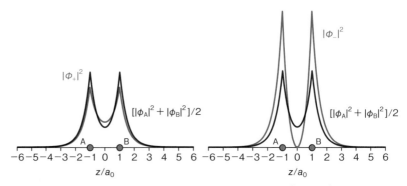

図 6.5　水素分子イオンの波動関数の絶対値の 2 乗 $|\Phi_+|^2$，$|\Phi_-|^2$について，二つの原子核を含む直線上での値をプロットしたもの（赤線）

図 6.4 の波動関数に対応する．比較のため，核 A，B を中心とする水素原子の 1s 軌道の確率分布の平均値も表示してある（黒線）．

結合性軌道 $\Phi_+(\mathbf{r})$では，関数値がゼロとなる点は存在せず，**節面**はない．反結合性軌道 $\Phi_-(\mathbf{r})$では，核を結んだ直線の 2 等分面が節面となる．節面の数から，$\Phi_+(\mathbf{r})$が基底状態，$\Phi_-(\mathbf{r})$が第一励起状態であることがわかる．水素分子イオンの最安定な電子状態（電子基底状態）は，1 個の電子が結合性軌道に収容された電子配置となる．

【 章末問題 】

[6.1] **変分法**と呼ばれる近似法では，以下のエネルギー期待値 ε を最小にする関数が，真の波動関数の近似解であることを利用する．ここでは$\Phi(\mathbf{r})$は規格化されていないとする．

$$\varepsilon = \frac{\int \Phi^*(\mathbf{r})\hat{H}\Phi(\mathbf{r})\,d\mathbf{r}}{\int \Phi^*(\mathbf{r})\Phi(\mathbf{r})\,d\mathbf{r}}$$

今，ハミルトニアンとして式（6.1），関数として式（6.5）を用いて，エネルギー期待値を S，H_0，H' で表示せよ．さらに，係数 c_A，c_Bの組が式（6.6）の条件を満たす時，ε が極値となることを確認せよ．

[6.2] クーロン積分 J〔式（6.18）〕，および共鳴積分 K〔式（6.20）〕は，その解析式を求めることができ，以下のように表現される．

$$J(\rho) = E_h e^{-2\rho}\left(1 + \frac{1}{\rho}\right) \qquad K(\rho) = E_h e^{-\rho}\left(\frac{1}{\rho} - \frac{2\rho}{3}\right)$$

ここで，$\rho = \dfrac{R}{a_0}$であり，E_h は式（5.11）で示されている．ρに対して J，K をプロットしたグラフを作成せよ．図 6.3 と比較することにより，E_+が極小値を持つのは，おもに共鳴積分 Kの効果であることを確認せよ．このように，水素分子イオンが安定に存在するのは量子力学的効果によっている．

第7章
分子の構造と エネルギー (2)

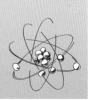

● Introduction

本章では，多電子分子の化学結合を議論する．まず，水素分子 H_2 を対象として分子軌道と電子配置の概念を整理し，次に，等核 2 原子分子を例として分子軌道の形状と結合性の関係を明らかにする．最後に，異核 2 原子分子においての分子軌道と化学結合を議論する．

7-1　水素分子

　第 6 章では，1 電子系である H_2^+ に関しての議論から**分子軌道**という考え方を導入した．本章では，複数の電子を持つ一般の分子へと考察を進めていくが，その第一段階として，水素分子 H_2 を考えよう．ここで登場する粒子は，原子核（陽子）二つと電子二つである．これまで通り，原子核は静止していると見なし，それに固定された座標系で電子の運動を記述すると，水素分子のハミルトニアンは，

$$\hat{H}(\mathbf{r}_1, \mathbf{r}_2) = \hat{H}_1(\mathbf{r}_1) + \hat{H}_2(\mathbf{r}_2) + \frac{e^2}{4\pi\varepsilon_0 r_{12}} - \frac{e^2}{4\pi\varepsilon_0 R} \tag{7.1}$$

$$\hat{H}_i(\mathbf{r}_i) = -\frac{\hbar^2}{2m_e}\left(\frac{\partial^2}{\partial x_i^2} + \frac{\partial^2}{\partial y_i^2} + \frac{\partial^2}{\partial z_i^2}\right) - \frac{e^2}{4\pi\varepsilon_0 r_{iA}} - \frac{e^2}{4\pi\varepsilon_0 r_{iB}} + \frac{e^2}{4\pi\varepsilon_0 R} \tag{7.2}$$

と示される[*1]．なおここで，二つの電子の位置ベクトルを $\mathbf{r}_1$, $\mathbf{r}_2$，二つの原子核 A, B の位置ベクトルを $\mathbf{r}_A$, $\mathbf{r}_B$ として，$r_{iA} = |\mathbf{r}_i - \mathbf{r}_A|$, $r_{iB} = |\mathbf{r}_i - \mathbf{r}_B|$ および $r_{12} = |\mathbf{r}_1 - \mathbf{r}_2|$, $\mathbf{R} = \mathbf{r}_B - \mathbf{r}_A$ である．式(7.2)は原子核 A, B が作る静電場中を運動する i 番目の電子($i = 1, 2$)のハミルトニアンであり，6-1 節で議論した式(6.1)にほかならない．式(7.1)は，式(7.2)で示される 1 電子のハミルトニアン二つに，電子間クーロン反発力による項と核間距離 R のみに依存する項が付加したものであり，5-1 節の式(5.1)と同じ形式をしている．よって，第 5 章での多電子原子の議論を，水素分子に対してそのまま適用しうる．そこで，電子間反発項を実効的に取り込み，水素分子イオン H_2^+ に類似の 1 電子ハミルトニアンの和として式(7.1)を近似する．

*1　水素分子のハミルトニアンにおいて，核間のクーロン反発による項は，水素分子イオン同様 $+e^2/(4\pi\varepsilon_0 R)$ である．ここでは，水素分子のハミルトニアン (7.1) を，水素分子イオンのハミルトニアン (7.2) を用いて示した都合上，式 (7.1) に $-e^2/(4\pi\varepsilon_0 R)$ の項が表れている．この項は定数なので，以下の議論では重要ではない．

$$\hat{H}(\mathbf{r}_1, \mathbf{r}_2) \approx \hat{H}_1^{\mathrm{eff}}(\mathbf{r}_1) + \hat{H}_2^{\mathrm{eff}}(\mathbf{r}_2) \tag{7.3}$$

すると，全エネルギーは以下のように1電子のエネルギーの和となる．

$$E = E_1 + E_2 \tag{7.4}$$

$$\hat{H}_i^{\mathrm{eff}} \psi_i(\mathbf{r}_i) = E_i \psi_i(\mathbf{r}_i) \quad (i=1, 2) \tag{7.5}$$

式(7.4)を考慮すると，水素分子の基底状態は，電子1, 2がともに最低エネルギーを取る場合であることがわかる．第6章の議論から，H_2^+類似ハミルトニアン $\hat{H}_i^{\mathrm{eff}}(\mathbf{r}_i)$ に対しては，二つの水素原子の1s軌道の対称な線形結合〔式(6.6)〕が最低エネルギーを与える．この結合性の軌道を σ_{1s} と示すことにしよう（σ の意味は後ほど明らかになる）．ちなみに反結合性軌道である反対称な線形結合〔式(6.10)〕は σ_{1s}^* と示すことにする．つまり，***が反結合性**を意味する*2．ここで，多電子原子に関する議論（5-3節）から，σ_{1s} に**アップスピン**と**ダウンスピン**の電子を1個ずつ収納した電子配置が，水素分子の基底状態となることがわかる．このような分子の電子配置を，原子の場合にならって $(\sigma_{1s})^2$ と表示しよう．この H_2 分子の電子状態では，$(1s)^1$ の水素原子2個のエネルギーの和に比べて，有限の原子核間距離で全エネルギー E が小さくなり，H_2 は確かに分子として安定に存在することが示されている．

*2　複数共役の*と混同しないように注意しよう．

7-2　分子軌道の構築法

これからは，3個以上の電子を持つ一般の分子について話を進めよう．ここでも基本となるのは，6-2節で導入した**LCAO-MO法**である．いま，分子を構成する原子が第2周期以上の元素に属するならば，その原子では1s軌道ばかりでなく，2s, 2p, …も電子が占有している．分子軌道を求める際には，それらの原子軌道の寄与を考慮する必要がある．つまり，一つの分子軌道が単一原子の複数の原子軌道を含む可能性がある．ここで，どのようにして適切な分子軌道を求めるかが課題となるが，実は以下のような一般的なルールが成立する．

1) 分子の構造に対応して原子軌道は特定の対称性を持ち，対称性が等しい原子軌道の線形結合として，分子軌道が構成される．

2) 分子軌道を構築する際には，固有エネルギーが近い原子軌道の組が大きく寄与し，エネルギーが異なる原子軌道の寄与は小さい．

1)について，少し詳しく考えてみよう．6-3節において，結合性軌道が安定化することは共鳴積分の効果であることが示されていた．より正確には，共鳴積分中の

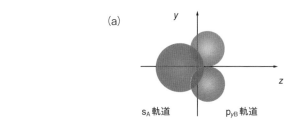

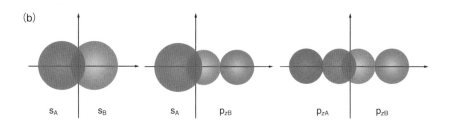

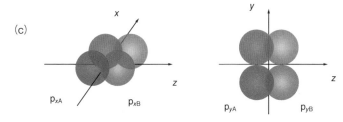

図 7.1　分子軌道を構成する原子軌道の組み合わせの模式図

赤色の領域は波動関数の値が正，灰色は負を意味する．2s 軌道や 3p 軌道では図 4.4 で示すように 3 次元的な構造を持つが，ここでは 1s 軌道や 2p 軌道のように単純化して示している．ここでは，原子核 A と B を結んだ結合軸方向を z 軸とする．(a) 重なり積分がゼロとなり分子軌道を構成しないケース．(b) σ タイプの分子軌道を構成する組み合わせ．(c) π タイプの分子軌道を構成する組み合わせ．この両者は互いに縮重している．

$$\int \frac{\phi_{1sB}^{*}\phi_{1sA}}{r_{B}}\,\mathrm{d}\mathbf{r} = \int \frac{\phi_{1sA}^{*}\phi_{1sB}}{r_{A}}\,\mathrm{d}\mathbf{r} \tag{7.6}$$

の寄与である．もし，この積分がゼロであるなら，軌道の安定化（もしくは不安定化）は起こらない．つまり，そのような二つの原子軌道を同じ分子軌道の構成要素とすることには意味がなく，式(7.6)の積分がゼロでないような原子軌道のみを集めて分子軌道を形成するべきである．その判断のためには，軌道の対称性を考えることが大いに役立つ．例えば，原子 A の s 軌道と原子 B の p 軌道が図 7.1(a) のように配置している場合を考える．s 軌道は，z 軸回りにどのように回転しても形を変えない．この場合，**σ 対称性を持つ**と呼ばれる．一方，p_y軌道は z 軸回りに 180 度回転すると符号が反転する．このような対称性を **π 対称性**と呼ぶ．つまり，これら二つの軌道は別の対称性を持つ．二つの軌道の積は $y>0$ の領域では正となるのに対して，$y<0$ では負となり，全空間の積分としてはゼロになる．結局，図 7.1(a) の s 軌道と p_y軌道は分子軌道を生成しない．

　ここで，分子軌道を構成する原子軌道の組み合わせについて整理しておこう．1)の対称性の議論は，主量子数 n には依存しないので，ここでは n は省略する．もっぱら s 軌道と p 軌道について考慮するが，同様に d, f 軌道についてもまとめることができる．上で述べたように s 軌道は σ 対称性である．p 軌道は p_x, p_y, p_z の三つがあるが，このうち p_z 軌道は σ 対称性であり，p_x, p_y は π 対称性である．p_x, p_y は z 軸回りに 90 度回転すると互いに重なり合う．つまり，2 重縮重した軌道である．孤立した原子では p_z も含めた三つが縮重するが，となりの原子の存在によって縮重が一部解けて，(p_x, p_y) と p_z に分かれることに留意されたい．π 対称性の p_x, p_y 軌道について式(7.6)の積分を考えてみると，p_x–p_y の組み合わせではゼロとなるのに対して，p_x–p_x と p_y–p_y ではゼロにはならない．この二つの組み合わせは，z 軸回りに 90 度回転すると互いに重なりあうので，2 重縮重する．結局，分子軌道を形成する原子軌道の組み合わせ方は図 7.1(b) および (c) のようにまとめられる．

7-3　等核 2 原子分子の分子軌道と電子配置

　前節の議論をもとに，同一の元素に属する原子 2 個から構成される分子，つまり，**等核 2 原子分子**を考えよう．7-2 節のルール 2)を適用すると，量子数 (n, l) が同一でエネルギーが等しい軌道同士，つまり，二つの原子の 1s, 2s, $2p_z$，もしくは $(2p_x, 2p_y)$ 軌道同士の重ね合わせとして分子軌道を構成できる．ここで，対称と反対称の線形結合が，結合性もしくは反結合性の軌道となる．2p 原子軌道から生成する σ タイプならびに π タイプの分子軌道を，それぞれ図 7.2(a),(b) に示した．

　分子軌道の安定化・不安定化の程度を決定する積分の式(7.6)は，二つの原子軌道の重なりとともに増大する．適当な（つまり分子として安定化する）核間距離では，σ_p タイプの方が π_p タイプよりも軌道の重なりが大きい．よって，2 原子分子中では σ_{2p} 軌道の方が π_{2p} 軌道より低エネルギーとなり，一方，σ_{2p}^* が π_{2p}^* より高エネルギーとなる．以上から，等核 2 原子分子の分子軌道の模式図は，図 7.3(a) となる．

　図 7.3(a) では，エネルギーの異なる原子軌道間の相互作用は無視できるとしている．実は，第 2 周期の元素からなる等核 2 原子分子では，この近似はあまり適切ではない．2s 軌道と 2p 軌道とのエネルギー差がそれほど大きくなく，2s–2s および $2p_z$–$2p_z$ 間のみでなく，2s–$2p_z$ 相互作用も有意な効果を持つためである．つまり，分子軌道は，2s 軌道のみ，もしくは $2p_z$ 軌道のみの線形結合として近似することができず，σ_{2s} は若干の $2p_z$ 軌道（言い換えると σ_{2p}）の寄与を含み，σ_{2p} には 2s 軌道（σ_{2s} 成分）が混じり込む．この σ_{2s} と σ_{2p} の混合のために，前者は低エネルギー側に，後

本来 σ や π は，軸対称な系における対称性を示すラベルであるが，分子軌道の性格を示すのに有用であるために，軸対称性を持たない一般の分子においても σ や π が流用されている．σ（もしくは σ^*）軌道は，結合軸において電子密度が最も高い軌道の意味で使われている．π（π^*）軌道は，その節面が結合軸を含むような軌道の意味で使われている．ベンゼンなどの**芳香族分子**がその典型例であり，芳香環平面に垂直な p 軌道から構成される分子軌道が **π 軌道**である．

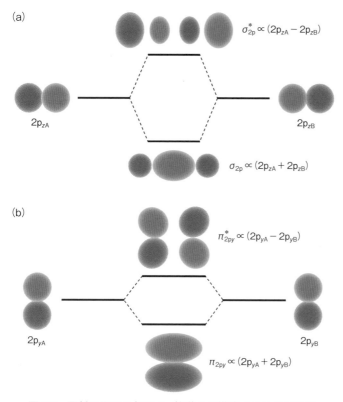

図 7.2　同種の原子 2 個の 2p 軌道から構成される分子軌道
(a) 結合性と反結合性の二つの σ_p タイプの軌道. (b) 結合性と反結合性の二つの π_p タイプの軌道. これらを結合軸周りに 90° 回転した, π_{2px}, π_{2px}^* も存在する.

者は高エネルギー側にシフトする. シフトが大きい場合には, 図 7.3(b) のように σ_{2p} と π_{2p} のエネルギー関係が逆転する.

　σ_{2s}/σ_{2p} 混合の効果は, 2s−2p のエネルギー差が小さいほど顕著である. 5-3 節の欄外で述べたように, 原子番号が大きいほど 2s−2p エネルギー差は大きくなる. 逆に言えば, 原子番号が小さいほど混合の効果は大きい. 結果として, Li_2 から N_2 までの分子では π_{2p} に比べて σ_{2p} が高エネルギーとなり, O_2 以降では σ_{2p} が低エネルギーとなる.

　結合性の分子軌道を電子が占有すると, 分子全体のエネルギーは二つの原子に解離した場合よりも安定化し, 反結合性の分子軌道に電子が収容されると, 不安定化する. そこで, **結合次数**と呼ばれる指標を, 以下のように定義する.

　　結合次数＝[(結合性分子軌道中の電子数)−

　　　　　　　　　　(反結合性分子軌道中の電子数)]/2

結合次数が 1 ならば, 分子中の 2 原子は**単結合**していることを意味する. 次数が 2 もしくは 3 は, **2 重結合**もしくは**3 重結合**に対応する. 結合次数がゼロの場合は, 結合を形成して分子を形成することができないか, もし

ONE POINT

O_2 分子は, 二つの縮重した π_{2p}^* に最外殻電子が 1 個ずつ収容された電子配置をとる. 分子においても, 多電子原子の場合同様に**フントの規則**(5-3 節参照)が成立する. そのため, 酸素分子では π_{2px}^* と π_{2py}^* 中の電子のスピンの向きは同一となる. 結局, 分子全体として電子スピン角運動量を持つ (その大きさに対応する量子数は $S=1$ である). つまり, O_2 は磁気モーメントを持つので, 磁場の効果を受ける (磁石に引き寄せられる). このような磁気的性質を持つ分子を, **常磁性分子**と呼ぶ. 一方, すべての副殻が閉殻な場合は (Li_2, N_2, F_2 など), ほとんど磁場の影響を受けない. このような分子を, **反磁性分子**と呼ぶ.

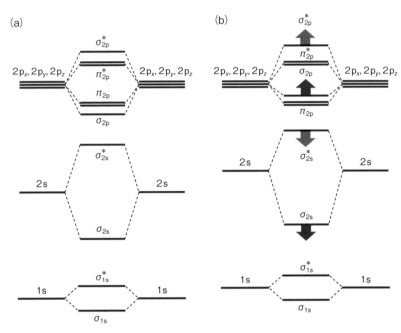

図 7.3　等核 2 原子分子の分子軌道エネルギーの模式図

上側にある軌道ほど高エネルギーであることを示す. π_{2p} および π^*_{2p} は, 2 重縮重の軌道である.（a）2s—2p 間のエネルギー差が大きい場合（O_2, F_2, Ne_2）.各分子軌道は, 各原子の 1s, 2s, 2p 軌道同士のみの線形結合と見なせる.（b）2s—2p 間のエネルギー差が小さい場合（Li_2, Be_2, B_2, C_2, N_2）.σ_{2s}—σ_{2p}, σ^*_{2s}—σ^*_{2p} 間の相互作用の効果により, σ_{2p} と π_{2p} のエネルギー関係が逆転している.

くは, 解離エネルギーが小さい不安定な分子となる.

例題 7.1　第 2 周期の元素から構成される等核 2 原子分子について, 最安定な電子配置と対応する結合次数を示せ.

≪解答≫

Li_2 : $(\sigma_{1s})^2(\sigma^*_{1s})^2(\sigma_{2s})^2$	結合次数：　1
Be_2 : $(\sigma_{1s})^2(\sigma^*_{1s})^2(\sigma_{2s})^2(\sigma^*_{2s})^2$	0
B_2 : $(\sigma_{1s})^2(\sigma^*_{1s})^2(\sigma_{2s})^2(\sigma^*_{2s})^2(\pi_{2p})^2$	1
C_2 : $(\sigma_{1s})^2(\sigma^*_{1s})^2(\sigma_{2s})^2(\sigma^*_{2s})^2(\pi_{2p})^4$	2
N_2 : $(\sigma_{1s})^2(\sigma^*_{1s})^2(\sigma_{2s})^2(\sigma^*_{2s})^2(\pi_{2p})^4(\sigma_{2p})^2$	3
O_2 : $(\sigma_{1s})^2(\sigma^*_{1s})^2(\sigma_{2s})^2(\sigma^*_{2s})^2(\sigma_{2p})^2(\pi_{2p})^4(\pi^*_{2p})^2$	2
F_2 : $(\sigma_{1s})^2(\sigma^*_{1s})^2(\sigma_{2s})^2(\sigma^*_{2s})^2(\sigma_{2p})^2(\pi_{2p})^4(\pi^*_{2p})^4$	1
Ne_2 : $(\sigma_{1s})^2(\sigma^*_{1s})^2(\sigma_{2s})^2(\sigma^*_{2s})^2(\sigma_{2p})^2(\pi_{2p})^4(\pi^*_{2p})^4(\sigma^*_{2p})^2$	0

7-4　異核 2 原子分子の分子軌道と電子配置

次に, 異なる元素に属する原子 2 個から分子が構成される場合につい

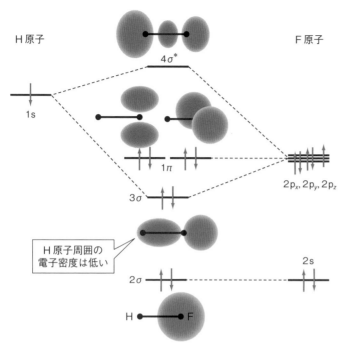

図 7.4　HF 分子の分子軌道エネルギーの模式図
F原子の 1s 軌道に相関する分子軌道 1σ は，極めてエネルギーが低いの
で省略してある．

て考察する．このような**異核 2 原子分子**においては，二つの原子の軌道
エネルギーは等しくないので，分子軌道を構成する原子軌道の寄与も対等
ではなくなる．例えば，第 2 周期原子二つからなる分子について，各 2s
軌道の線形結合として構成される分子軌道を考えよう．この場合，低エネ
ルギー側の σ_{2s} には原子番号が大きい原子の 2s の寄与が大きく，σ_{2s}^* では
逆に原子番号が小さい方の 2s の寄与が大きくなる．つまり，結合性の分
子軌道 σ_{2s} では，原子番号が大きい（電気陰性度が高い）原子側がより電
子密度が高くなり，反結合性軌道 σ_{2s}^* では電気陰性度が低い原子側の電子
密度が高い．

　異核 2 原子分子では，一つの分子軌道に対して単一原子の複数の軌道
が寄与する可能性が大きくなる．例えば，CO の軌道エネルギーの大小関
係は全体的には全電子数が等しい N_2 と類似しているが，核電荷が大きい
O 原子の 2p 軌道が，C 原子の 2p 軌道より低エネルギーとなって C 原子
の 2s 軌道に近づくために，σ_{2s} や σ_{2s}^* にも O 原子の $2p_z$ が寄与する．結局，
分子軌道を単一の原子軌道と関連付けることが困難となるので，対称性が
同一の軌道の組のなかで，エネルギーが低い順に $1\sigma, 2\sigma, 3\sigma, \cdots$（もしく
は $1\pi, 2\pi, 3\pi, \cdots$）などのように番号付けされる．

　原子番号が大きく異なる原子の組では，量子数 (n, l) が同一の軌道でも

エネルギー差が大きいので，分子軌道の構成も等核2原子分子とはまったく異なる．水素を含んだ2原子分子がその典型である．例えばHFでは（図7.4），水素原子の1s軌道はFの2s, 2pよりも高エネルギーであり，結合性・反結合性の軌道（$3\sigma, 4\sigma^*$）はおもに$2p_z(F)$と1s(H)より構成される．ほかの軌道（$1\sigma, 2\sigma, 1\pi$）はF原子に局在している．$2p(F)$が1s(H)より低エネルギーであるので，結合性の3σは$2p_z(F)$の寄与が大きい．つまり，H原子とF原子が1個ずつ電子を出し合って形成している結合において，F原子側に電子分布が偏っている（HからFへの部分的な電子移動と捉えることもできる）．結局，分子全体の電荷分布には偏りが生じ，H原子側がプラス，F原子側がマイナスとなる．このように，結合の極性や分子の双極子モーメントは，分子軌道によって合理的に説明される．

章末問題

[7.1] 水素分子の基底状態の電子配置は，（σ_{1s}）分子軌道にアップスピンとダウンスピンの電子が1個ずつ収納されたものである．ここで，対応する波動関数を以下のように示す．

$$\Psi = \sigma_{1s}(1)\alpha(1)\sigma_{1s}(2)\beta(2)$$

カッコ内の1，2の番号は，電子の番号を意味する．実は，この関数は同一粒子の交換に対して反対称になっていない．実際，Ψにおいて番号1と2を入れ替えると，

$$\Psi' = \sigma_{1s}(2)\alpha(2)\sigma_{1s}(1)\beta(1)$$

となり，別の関数になってしまう．この問題点は，ΨとΨ'の線形結合を取ることによって解決できる．電子1と2の交換で符号が反転する，真の波動関数を求めよ．

[7.2] フッ素分子F_2，およびその正負イオンF_2^+, F_2^-について，結合長が長い順に並べよ．また，そのように判断した理由を，F_2, F_2^+, F_2^-おのおのに対し電子配置と結合次数を示して説明せよ．

[7.3] LiHでは，2s(Li)と1s(H)が結合性軌道（2σ）を形成している．この二つの原子軌道のエネルギーを比較すると，2s(Li)の方が若干1s(H)よりも高い．以上の事実より，LiHの双極子モーメントの向きを推測せよ．

索　引

著 者

大島 康裕　東京科学大学理学院化学系 教授

本書のご感想を
お寄せください

理工系学生のための基礎化学【量子化学編】

2023 年 9 月 30 日　　第 1 版　第 1 刷　発行	著　　者　大島　康裕
2024 年 10 月 1 日　　第 1 版　第 2 刷　発行	発 行 者　曽根　良介
	編 集 担 当　佐久間純子
検印廃止	発 行 所　㈱化学同人

JCOPY 〈出版者著作権管理機構委託出版物〉

本書の無断複写は著作権法上での例外を除き禁じられて
います．複写される場合は，そのつど事前に，出版者著作
権管理機構（電話 03-5244-5088，FAX 03-5244-5089,
e-mail: info@jcopy.or.jp）の許諾を得てください．

本書のコピー，スキャン，デジタル化などの無断複製は著
作権法上での例外を除き禁じられています．本書を代行
業者などの第三者に依頼してスキャンやデジタル化するこ
とは，たとえ個人や家庭内の利用でも著作権法違反です．

〒 600-8074　京都市下京区仏光寺通柳馬場西入ル

編 集 部　TEL 075-352-3711　FAX 075-352-0371
企画販売部　TEL 075-352-3373　FAX 075-351-8301
振　替　01010-7-5702
e-mail　webmaster@kagakudojin.co.jp
URL　https://www.kagakudojin.co.jp

印刷・製本　三報社印刷㈱